日韩料理
一本就够

甘智荣　主编

江苏凤凰科学技术出版社

图书在版编目（CIP）数据

日韩料理一本就够 / 甘智荣主编. -- 南京 : 江苏
凤凰科学技术出版社, 2017.5

（含章.掌中宝系列）

ISBN 978-7-5537-4634-0

Ⅰ.①日… Ⅱ.①甘… Ⅲ.①菜谱 – 日本②菜谱 – 韩
国 Ⅳ.①TS972.183.13②TS972.183.126

中国版本图书馆CIP数据核字(2015)第119981号

日韩料理一本就够

主　　　　编	甘智荣	
责 任 编 辑	樊　明　　　葛　昀	
责 任 监 制	曹叶平　　　方　晨	

出 版 发 行	凤凰出版传媒股份有限公司
	江苏凤凰科学技术出版社
出版社地址	南京市湖南路 1 号 A 楼，邮编：210009
出版社网址	http://www.pspress.cn
经　　　销	凤凰出版传媒股份有限公司
印　　　刷	北京文昌阁彩色印刷有限责任公司

开　　　本	880mm×1 230mm　1/32
印　　　张	14
字　　　数	380 000
版　　　次	2017年5月第1版
印　　　次	2017年5月第1次印刷

标 准 书 号	ISBN 978-7-5537-4634-0
定　　　价	39.80元

图书如有印装质量问题，可随时向我社出版科调换。

序言

随着经济的全球化发展，国际间的交流日益密切，各国的饮食文化也相互交融。每天的餐桌上，除了我们所熟悉的中式口味之外，各式各样的异国风味也变得更加普遍，例如美味的韩国石锅拌饭、可口的各色寿司、浓香的韩式酱汤、清淡的日式汤粥、暖暖的爽口烧酒，等等。

"料理"一词主要盛行于日本和韩国，尤其是在日本。在中国似乎不会说美国料理或法国料理，但在日本或者韩国，只要表示某国风味的菜都会在国家的名称后加"料理"一词。日本料理即"和食"，主食以米饭、面条为主，副食多为新鲜鱼、虾等海产品，食用时常搭配日本清酒。日本料理以清淡著称，烹调时尽量保持材料的原味，其烹调方式细腻精致，注重色香味俱全，以及器具和用餐环境的搭配。在食材的选择上，日本料理以新鲜海产品和时令新鲜蔬菜为主，具有口感清淡、加工精细、色泽鲜艳等特点。

韩国料理既有日本料理的清秀雅致，又有中国菜的实惠厚重，属于不可多得的美味。韩国料理有"五味五色"之称，即甜、酸、苦、辣、咸，红、白、黑、绿、黄。韩国料理在选材上更加注重天然，且素荤搭配合理，让人们能够吸收更多的营养，又不会暴饮暴食。

在《日韩料理一本就够》一书中，烹饪大师为你精心挑选最正宗、最地道的日韩料理，涵盖寿司、刺身、沙拉、烧烤、泡菜等多个品种。每款菜品都有详细的步骤解说文字及高清菜品图，部分菜品还附有营养功效与烹饪小常识，让你操作起来更加得心应手。此外，本书还以附录的形式为你额外介绍了主料突出、形色美观、口味鲜美的49道西餐。西餐一般使用橄榄油、黄油、沙拉酱等调味料，不同的主食都搭配上一些相同的蔬菜，如西红柿、西蓝花等，美味又营养。

本书中的料理与西餐讲究原汁原味，注重色、香、味的结合，介绍的家常做法让你一学就会，轻轻松松就能成为正宗的料理达人，让你足不出户，就能做出具有异国风味的美食。

有了这本书，就能为我们爱的人，和那些爱我们的人，烹制一桌美味的料理了！料理的滋味，全家享受，幸福的味道，由你来掌控！

阅读导航

营养功效：
简明扼要地介绍了食谱的营养功效。

象牙贝刺身
增强免疫力

原材料 象牙贝100克，洋葱丝、胡萝卜丝、冰块各适量

调味料 酱油、芥末各适量

做法

1. 将象牙贝洗净，放入冰块中冰镇1天，备用。
2. 象牙贝解冻，摆入盘中，饰以洋葱丝、胡萝卜丝。
3. 将酱油、芥末调匀成味汁，食用时蘸味汁即可。

洋葱　　　胡萝卜

什锦刺身拼盘
降低血脂

原材料 三文鱼150克，平目鱼、鱿鱼、章红鱼、醋青鱼、北极贝各100克，柠檬10克，圣女果适量

调味料 生抽80毫升，芥末粉5克

做法

1. 三文鱼、章红鱼洗净，去鳞、骨，切段，冻1天，取出切片；北极贝去肚洗净，取出切片；鱿鱼、平目鱼均洗净，冻1天，取出切片；醋青鱼洗净，冻1天，切片。
2. 柠檬洗净切片；圣女果洗净；所有原材料摆放在刺身盘上；将生抽、芥末粉混合为味汁，食用时蘸味汁即可。

食谱制作：
每一道食谱都详尽介绍了原材料、调味料、详细做法，让您一学就会。

84

高清图片：
全书收录了众多精美高清食谱图片，一饱眼福的同时，为您提供参考。

金枪鱼刺身

解毒生津

标头文字：
介绍每道菜的具体名称。

[原材料] 金枪鱼300克，紫苏叶2片，白萝卜25克，圣女果、冰块各适量
[调味料] 酱油、芥末各适量

做法

1. 金枪鱼洗净后切块，再打上花刀；白萝卜洗净，切丝；紫苏叶洗净，擦干水分。
2. 将冰块打碎，装入盘中，撒白萝卜丝，摆上紫苏叶，再放上金枪鱼、圣女果。

3. 将酱油、芥末调成味汁，食用时蘸味汁即可。

金枪鱼　　　白萝卜

去除白萝卜涩味的技巧：如果白萝卜有涩味，就在烹饪前将其放入水里或汽水里，浸泡1小时左右再食用。

小贴士：
简要介绍一些做菜技巧或生活小常识。

85

目录

第一章 | 自然原味的日本料理

气质主菜

第二章 | 入口醇香的韩国料理

附录 | 芳香浓郁的西式料理

日本料理的特色

日本菜发展至今已有三千多年的历史，按日本人的习惯我们称其为"日本料理"。据考证，日本料理借鉴了一些中国菜肴的传统制作方法并使之本土化，其后西洋菜也逐渐渗入日本，使日本料理在传统的生食、蒸、煮、炸、烤、煎等基础上逐渐形成了今天的日本菜系。

日本料理的主食以米饭、面条为主，副食多为新鲜鱼虾等海产，食用时常搭配日本清酒。日本料理以清淡著称，烹调时尽量保持材料的原味。在料理的制作上，要求材料新鲜、切割讲究、摆放艺术化，注重色、香、味、器四者的和谐统一，不仅重视味觉，还很重视视觉享受，要求色自然、香清淡、味鲜美、器精良。另外，日本料理的材料和烹饪法重视时令和季节感。现在的日本料理制作方法是世界上比较先进的，材料多以海产品和新鲜蔬菜为主，口味多甜、咸，加工精细、色泽鲜艳、清淡而少油腻，保持原料固有的味道及特性，且随着季节的变化在选料和口味方面也随之发生变化。如春夏多以海鲜及时令蔬菜为主，再配以时令花叶作为点缀，秋季则利用银杏、松枝等作为装饰，看上去色泽柔和、舒畅，给人以艺术享受。此外，日本料理的拼摆和器皿也很讲究，拼摆多以山、川、船、岛等为图案，并以三、五、七单数摆列，品种多、数量少，自然和谐。日本料理的另一显著特点是用餐器皿多为瓷制和木制的，有方形、圆形、船形、五角形、兽形、仿古形等，高雅、大方、古朴，既实用又具观赏性，使就餐者耳目一新，美食配美器，令每道日本料理都成为美轮美奂的佳作。

日本料理是用五官品尝的料理，更准确地说应该是：眼——视觉的品尝；鼻——嗅觉的品尝；耳——听觉的品尝；触——触觉的品尝；还有舌——味觉的品尝。说到能尝到什么味道，首先是五味。日本料理的"五味"同中国菜相同：甜、酸、苦、辣、咸，并且日本料理还需具备"五色"：黑、白、赤、黄、青。"五色"齐全之后，还需考虑营养均衡。日本料理由五种基本的烹饪法构成，即切、煮、烤、蒸、炸。和中国菜相比，日本料理的烹饪方法比较单一。总而言之，日本料理浓郁的季节感素材，以五味（实为六味，第六种味道为"淡"，淡是要求把原材料的原味充分地牵引出来）、五色、五法为基础进行烹饪，用五感来品尝的料理。

吃日本料理，还讲究吃的环境、氛围、情调。标准的日本料理吃法应该是在日式榻榻米上直身跪坐或盘腿端坐而食，这对于从小训练有素的日本人来说当然是不在话下，而对于一直习惯于坐着吃的中国人而言，实在是有些勉为其难。所以有些日本料理店在榻榻米桌子下挖一个大洞，使客人可以将腿放下，坐起来比较舒服。这种中庸的变通，既能使食客可以舒适地进食，又最大程度

地保留了日本和式风味。

吃日本料理，在行的美食家认为，日式酱汤、三文鱼刺身、天妇罗、烤鳗鱼、秋刀鱼、寿司、沙拉是不可不吃的，不然就算不上吃得丰盛了。

日式酱汤与中式汤、西式汤最大的不同在于日式酱汤的料、汤分明，端上来后可以看到汤水清澈、海苔等料安静地躺在碗底，和一片混沌的中式汤、浓郁的西式汤大相径庭。天妇罗与烤制秋刀鱼都是日本料理中的名菜，天妇罗是日式什锦油炸食品，将蔬菜、虾类裹以面粉，入油轻炸而成，口感非常不错。生鱼片的质量等级和牛肉一样，随不同身体部位而质量等级不同。一般来讲，鱼腹部油脂最多的部位为最上等，称为"大脂"；腹部靠近脊椎骨部位为中等，叫"中脂"；背部靠近尾部的部位

为下等，叫"刺身"，价格最为低廉。

日本料理的寿司是将优质大米煮熟后回冷，然后倒入特制米醋拌匀，密封一夜，再用来制成寿司。吃寿司时，口味应由淡而重，先吃生鱼片后吃寿司，这样能更好地品味生鱼片的美味。日本人讲究"冷品趁冷吃，热品趁热吃"，不要一口气点很多生鱼片，生鱼片在常温下暴露过久，口感会变。

吃什么餐配什么酒，这在吃的艺术中很有讲究，吃日本料理当然离不开日本酒。在日本酒中，"冷酒"最高档，其次是"烧耐""清酒"，日本酒十分甘洌爽口，在盛夏时饮用犹如甘露。

有人这样评价日本料理：它极其讲究形与色，极上盛器，配合食物，造型美轮美奂，每一道菜都犹如中国的工笔画，细致入密，更有留白，让人不忍下箸。但却都是冷冷的，决不以香气诱人。日本料理就如同温柔似水的日本女子，在秀色可餐和可餐秀色之间，让人们对日本的文化有一种明朗却又朦胧的感觉。

韩国的饮食文化

韩国四季分明，因此各地出产的农产品种类繁杂。又因三面临海，海产品也极为丰富。谷物、肉食、菜食材料的多样化，以及发酵食品制造技术的不断发展，使韩餐的主料和辅料搭配合理，辣椒、蒜、生姜、香油等调味品的运用，更使韩国风味进一步独特化。韩国料理的味道可分为咸、甜、酸、辣和苦五种。

韩国人的日常饮食以米饭为主，为增加营养，有时也添加豆类、板栗、高粱、赤小豆、大麦和谷物等。日常主食主要是人米饭和混合小米、大麦、大豆等一起做成的杂谷饭，形式包括饭、粥、面条、饺子、年糕汤、片儿汤。除了这种日常饮食之外，还有多种多样的糕饼、麦芽糖、茶、酒等。副食种类繁多，主要是汤、酱汤、泡菜、酱类，还有用肉、鱼、蔬菜、海藻做的食物，包括烤肉、煎肉、酱肉、炒肉、肉片、野菜、蔬菜、酱鱼、干鱼、酱菜、炖食、火锅、泡菜等。这样的饮食搭配能达到均衡营养的目的。

韩国有句老话叫"食物味道全靠酱料"，意思就是说再好的原料，若没有酱料的味做铺垫，也绝对做不出好菜。因此，大酱、辣椒酱和酱油是韩国家庭最重要的家底儿，这三种酱揭示了韩国饮食的秘诀。由大豆做成的大酱，含有丰富的蛋白质和卵磷脂等营养成分，富含能消除胆固醇的维生素E，对预防疾病十分有效。

泡菜是韩国人最主要的菜肴之一，无论在繁华的首尔或是偏僻的乡村，在居民的住宅院落或阳台，都能看到大大小小的泡菜坛。韩国泡菜以蔬菜为主要原料，还添加了红枣、梨、鱿鱼、虾、松仁和各种鱼类，泡菜品种有100多种。泡菜含有丰富的营养，主要成分为乳酸菌，还含有丰富的维生素和钙、磷等矿物质，以及人体所需的10余种氨基酸。泡菜味道辛辣，调味品味浓，非常爽口。即使发酵了一个冬天的泡菜，吃起来也如新鲜白菜般爽脆。吃油腻的东西时配泡菜，可以爽口；跟清淡的东西一起吃，则令人感觉更加清淡。

在韩国的饮食文化中，能跟泡菜相媲美的就是烤肉。韩国烧烤讲究原汁原味，并辅以不同的酱汁蘸食。选材主要以肉类和海鲜为主，并且对选料要求非常严格，比如烤牛肉就只选用牛的里脊。原料必须经过腌渍入味，腌渍时一般还要加入一些水果和洋葱，使成菜有香而不腻的口感。在烤制过程中不再调味，只在食用时才用蘸汁来补味。烧烤采用燃气或干炭作为燃料，利用烤盘间接传热烤制成菜，比较干净卫生。此外，蔬菜在韩国烧烤中也占有举足轻重的地位，如土豆、茄子、洋葱等都是烧烤的好原料。蔬菜烧烤好以后，辅以盐和香油调制的蘸汁，味道也十分鲜美。

汤是韩国人饭桌上不可缺少的，据说韩国人习惯吃饭时先喝口汤或先将汤匙放在汤里蘸一下，叫"蘸调匙"。韩食中的汤是用蔬菜、山珍、肉、鱼、大酱、盐等各种材料制作。用酱油调味的汤叫清汤；用大酱调味的汤叫大酱汤；先清炖，然后再调味的汤叫清炖汤。

韩国冷面主要有"带汤冷面"和"干拌冷面"两种。面有以荞麦为原料制成的，也有以土豆为原料制成的，面上加的配料大多以肉类、生鱼片、蔬菜或水煮蛋为主。带汤的冷面是将面泡在放凉的牛肉清汤里，再放入切得很薄的牛肉和腌渍的青菜一起食用；干拌冷面是将一些腌渍的青菜和很辣的辣椒酱一起拌入冷面。

韩果是韩国自古以来的祭祀供品，也是婚礼仪式或饮茶时食用的传统点心。其中有面粉加上蜂蜜、麻油后油炸的油蜜草；将水果或蔬菜用蜂蜜腌渍而成的蜜饯果；韩国传统节日食用的糯米糕等。韩国人在生日、结婚、祭祀、回家时都制作糕饼来祈求平安，农历三月三要做杜鹃花饼糕、中秋的时候做松饼等。韩国米糕的原料是糯米和大米，做法有"蒸糕"和"打糕"。韩国米糕多做成甜饼和各色花式的点心，点心有鲜、咸、甜等味道的馅，甜饼还要在外面粘上花瓣，并放在平底锅中用油煎。制作成梅花、柚子花、桃心、桑叶、桃子、梨、苹果、柿子、西瓜等形状的米糕饼，五彩斑斓、精美异常，使食客不忍下口。

在韩国，生姜、桂皮、艾蒿、五味子、枸杞子、沙参、桔梗、木瓜、石榴、柚子、人参等药材被广泛地用于饮食的烹调中。韩餐有参鸡汤、艾糕、凉拌沙参等各种食物，也有生姜茶、人参茶、木瓜茶、枸杞子茶等多种饮料。韩国人有一日四餐的饮食习惯，分别安排在早上、中午、傍晚、夜晚。韩国人就餐用匙和筷子，每个人都有自己的饭碗和汤碗，其他所有的菜则摆在饭桌中间供大家享用。韩国人使用的饭碗也很有讲究，饭碗分男用、女用和儿童用。韩国人也注意节俭，无论是自己食用还是招待客人，都尽可能把饭菜吃光。

在就餐时，韩国人对摆桌形式与用餐礼节十分讲究。与长辈一起用餐时，长辈动筷子后晚辈才能动筷；汤匙和筷子不能搭放在碗上，也不能同时抓在手里，使用筷子时要把汤匙放在桌子上；用汤匙先喝汤或泡菜汤之后，再吃别的食物；饭和泡菜汤、酱汤等汤类用汤匙吃，其他菜用筷子夹；用餐时不能发出声音，也不能让汤匙和筷子碰到碗而发出声音；不能端着汤碗吃饭，也不能用汤匙和筷子翻腾饭菜，不能挑出自己不吃的食物和佐料；共享的食物要夹到各自的碟子里以后再吃，各种酱也最好拨到自己碟子里再蘸着吃。

韩国料理的材料

韩国菜肴以"五色""五味""五辣"为特色，以五谷为主食，采用家常蔬菜或海滨鲜食入馔，利用鲜明的色调取悦食客，并以辛辣的味道引发食欲，再搭配特色酱料增加食味，展示了韩国料理的特色风味。

1 材料

谷类

米是韩国的主要谷类，也是做主食（米饭）的材料。除了用来做饭以外，米也用于制作粥、米糕、甜点等。小麦粉做成面条，在喜庆时使用；大麦除了做饭的用途以外，与小麦一起用于各种食品的加工；荞麦粉做成面条，也用于制作饺子、凉粉、饼干等食品。另外粟米、黍子、高粱等也可以用于做饭、粥、米糕、饼干等。

豆类

豆类包括多脂肪、少碳水化合物的大豆，也有少脂肪、多碳水化合物的赤小豆、绿豆、豌豆等。豆类与米混合可以做成米糕、饭、粥，也可以作为黄豆芽、绿豆芽以及酱油、大酱等食品的原材料使用。

薯类

薯类是指土豆、红薯等，它们的淀粉含量高，含有很多糖分，可以用来代替主食或做米糕、煎饼等，还广泛用于制造淀粉和加工食品等。

蔬菜类

各种新鲜的蔬菜都可用作汤、泡菜、凉拌菜、酱菜等的材料，在维生素、矿物质、纤维素的供应来源里扮演很重要的角色。

菌类

韩国人常吃的菌类有松茸、香菇、石耳、黑木耳、金针菇等。香菇因味道很香，多用于酱菜、蒸饼、煎饼、炒菜等；石耳多用于菜码。

鱼贝类

韩国三面环海，有很多种的鱼贝类可以作为食品材料，主要包括鲷鱼、鲽鱼、黄花鱼等白肉鱼；以青鱼为代表的红肉鱼，以及鲍鱼、红蛤、鱿鱼、浅蜊、牡蛎、花蟹等各种各样的海鲜。鱼贝类可做菜、熬汤，可用烤、蒸等多种方式烹调。

海藻类

紫菜、海带、青海苔等海藻类，被广泛地用作汤、炸海苔、凉拌等菜式的材料。海藻类热量低、钙质丰富，因是健康食品而受到青睐。

肉类

韩国以牛、猪、鸡肉等肉类为原料制作烤肉、蒸肉、肉脯等的烹饪方法十分完善。牛肉根据牛的年龄、性别、运动量、部位不同，在柔嫩度与味道上有差别，根据料理方法、目的不同，要做适当的选择：若烤或炒菜就使用花腩后里脊部位；若做汤、熬菜，就使用胸肉、腱子肉、牛蹄筋、牛尾、牛腿等部位；蒸与烩菜时，要使用牛臀、腱子肉、牛排；若做生肉片、肉脯、酱牛肉丝，则使用牛臀较合适。猪肉因比牛肉肉质柔嫩，不同部位脂肪的分布也不同，因此与牛肉不同，多用于烤菜。鸡肉脂肪很少，肉质也柔嫩，以烤、炒、蒸等方法烹饪或煮汤吃。

蛋类

蛋类包括鸡蛋、鹌鹑蛋等，可以用煮、蒸等方法直接做熟后吃或在做煎鱼时将鸡蛋打散后用作包裹鱼身的材料，还可以煎成黄白蛋皮用来做菜码。

果实类

苹果、梨、桃子、草莓、柿子、红枣等水果可以做成酒、凉茶、醋食用，也可以制成柿饼或晾成枣干食用。板栗、核桃、白果、松子等坚果类常用于类似江蜜糖等糕点或蒸九折板、神仙炉、茶等菜肴时的菜码。

2 调味料

盐

盐是咸味的基本调味，以粒子大小分为粗盐、细盐、精盐。粗盐还叫作太阳盐或大盐，主要用于做泡菜类、酱类等或腌渍鱼；细盐别称花盐，因颜色很白也很干净，而在一般调味时使用；精盐是粒子最细的，常摆放于饭桌上。

酱油

酱油是用豆发酵做出来的，在给食物调味或上色时使用。酱油根据烹饪方法不同，使用方法也不同。做汤、煲汤时用清酱（生抽）调味；在做煲菜、肉类等时的调味酱料则使用酱油（老抽）；吃鲜鱼煎饼或烤菜时则配调料酱油或醋酱油。

大酱

大酱是倒掉酱油后将剩余的物质发酵后做成的。大酱主要用于制作大酱汤，或是作为配生菜叶包饭、南瓜叶包饭的酱，还可以是酱煎饼等的材料。

辣椒酱

辣椒酱用于做汤、炒菜、生拌菜、烧烤、凉拌等，也可以做炒辣椒酱直接食用或用来做菜，还可以做成醋辣椒酱或调料辣椒酱搭配生鱼片、拌面等。

葱

葱可以去除肉的膻味或鱼的腥味，并以其独有的辛香味提升食物的味道。韩国料理中一般多用葱、葱段和葱丝，葱主要用作调料，葱段在切好后可以放入牛骨炖汤、煨卤、醒酒汤中，也可代替葱使用，葱丝一般用于做泡菜等。

蒜

蒜的辣味成分里含有一种具有挥发性的植物性抗生物质，它不但可以去除肉类的膻味、鱼类的腥味，而且是制作泡菜不可缺少的调料之一。蒜细细切碎

后被当作调味料使用，而当它作为香辣佐料或菜码时，则可以整瓣或切成薄片使用，也可切碎使用。

生姜

生姜因其特有的强烈的辛香与辣味，可以去除鱼的腥味，猪肉、鸡肉的膻味，并起到提升味道的作用。生姜用作调味酱料使用时，要剁成末或切片、切丝使用，也可以榨汁使用。

辣椒粉

辣椒粉是将红辣椒晒干、粉碎后做成的，根据其粒子的大小分成粗辣椒粉、中辣椒粉、细辣椒粉，而根据其辣味程度则分成辣味、中辣味、微辣味等。粗辣椒粉用于制作泡菜，中辣椒粉用于做泡菜、调味酱，细辣椒粉适合做辣椒酱或生拌菜等食品。

胡椒粉

胡椒以其辛香味与刺激性味道可以去除肉或鱼的膻味与腥味，同时可以增强食欲。黑胡椒粉因其色黑且辣味强劲而用于肉类烹调，白胡椒粉则因其色白又香醇用于鱼类料理。整枝胡椒则在煮梨汁、高汤或其他汤时使用。

芥末

芥末是用芥菜的成熟种子做成的粉，它含有特殊的酶。将其放入40℃的温水里搅拌后发酵的诂，会散发出独特的香气与辣味；放入盐、糖、醋后做成芥末酱可以用于做芥末丝或凉茶。

桂皮

桂皮带有特殊的香味，可以使菜肴更香，做成调味粉可以去除肉类的膻味；若放入肉桂茶、米糕、韩式糕点里使用，则可以增强香气与改善色泽。

油

油分为香油、荏油（紫苏油）、豆油。香油与荏油以其特有的甜香促进食欲，放入食品中时能显出又光滑又柔嫩的质感与浓香的味道。另外，烤肉时用油可以锁住水分，使肉的水分不流出，还能起到消毒的作用。

芝麻盐

将芝麻淘洗干净，均匀炒制，趁热放入粉碎机搅碎后，放盐就可以制成芝麻盐。芝麻盐散发着香气，因此在做蒸菜、烩菜等菜肴时都可以使用。

糖、高果糖、蜂蜜、糖稀

糖、高果糖、蜂蜜、糖稀若用于制作食品，会赋予食品甜味、香气、色泽，并能够让食物在很长时间里保持潮润状态与柔嫩的质感，担当"食品胶黏剂"的角色，因此多用来作为食品里添加甜味的调味酱料，在做江蜜糖、印羔子等韩式糕点时使用。

醋

醋是将谷物或水果发酵后做成的，以能发出酸味为特点。醋可以让食品吃起来爽口，让人增加食欲，也可以帮助消化吸收。另外，醋也能够去除鱼的腥味，使鱼肉更有嚼劲，还可以起到防腐作用。

葇椒

葇椒是粉状的，能够去除泥鳅汤或狗肉汤等菜肴的腥味、膻味，还可以在去除油脂时发挥作用。

酱菜

酱菜是指在鱼贝类里放入盐后制成的食品，是能够提供人体所需蛋白质的重要菜肴之一。酱菜将甜、咸、美味完美结合，有独特的风味。

韩国料理的计量

想要做出一份色、香、味俱全的韩国料理，首先要把握好制作料理过程中所需材料的用量，其次就是要控制好温度和火候，这就需要用到一些常用的计量工具及掌握一些计量方法，这里我们将介绍韩国料理所需的计量工具和计量方法，让您在做料理时得心应手。

1 计量工具

秤

秤是测定重量的器具，一般以克或千克为单位。使用秤的时候，要选择平坦的地方水平放置，把指针调整到"0"的位置。

量杯

量杯是为了测定体积而使用的工具。韩国的一杯通常为200毫升。

计量匙

计量匙是用来测定调味料的用量的，分为大匙和小匙两种。

温度计

温度计是为了测定调理温度而使用的工具。一般厨房使用的温度计是非接触型的、可以测量表面温度的红外线温度计。测量油或糖浆等液体的温度时要使用200~300℃的棒状液体温度计，而肉类则要使用能测量肉类内部温度的肉类用温度计。

烹饪用钟表

在测量烹饪时间时，要使用计时表或定时钟。

② 计量方法

粉状食品的计量方法

粉状食品是没有固定形状的，因此在装、放的时候不要挤压，要冒尖装、放，再均匀地去除顶部，将表面削平后再测量。

液体食品的计量方法

油、酱油、水、醋等液体食品，要使用透明的容器测量。一般放入表面有张力的量杯或计量匙中，测量时为确保准确性，要在与液体的弯月面下线水平时再读取量杯的刻度。

酱类食品的计量方法

大酱或肉馅儿等食品，要满满的、不留空隙地塞入量杯或计量匙中，使表面平整后再测量。

颗粒状食品的计量方法

米、豆、胡椒等颗粒状的食品，要装入量杯或计量匙中，轻轻摇动使表面平整后，再进行测量。

有浓度的调味料的计量方法

辣椒酱等有浓度的调味料，要使劲压实然后放入容器里，均匀地摊平后再测量。

韩式馄饨汤的做法

将馄饨馅做得柔和的办法

馄饨馅最好是用猪肉与牛肉混合或者纯猪肉做比较好。如果仅是用牛肉，就会因为缺油而感觉生硬，放入具有一定油量的猪肉，馄饨馅会变得柔和。

如何包出漂亮的馄饨

馄饨汤中的馄饨与蒸或油炸的馄饨不同，一不小心就会弄破，或者完全没有了形状。不过按照以下的方法慢慢来做的话，也可以包出漂亮的馄饨。

舀一匙馄饨馅，放在馄饨皮上；之后，在馄饨皮周边蘸一下水。

将蘸有水的馄饨皮对折，从末尾开始一点点贴上，使其不掉下来。

使馄饨馅均匀地放在馄饨皮中，然后将馄饨皮的两头粘在一起就好了。

煮馄饨也有技巧

做馄饨时，要想其馅不漏出来，最基本的方法是除去馄饨馅的水分。

首先，将馄饨内的辣白菜、豆芽菜、豆腐等放入到布袋里面，放在斜放的菜板上，轻轻压一压，这样就可以去除水分了。洋葱或南瓜等在盐中腌后出现水分的话，挤掉水分就可以了。

此外，放入馄饨馅，收住馄饨皮的时候，要保证里面没有空气。若里面有空气，在煮馄饨的时候容易向外膨胀，会使馄饨皮胀破。

做出美味泡菜汤的秘诀

用油炒辣白菜，直至辣白菜变得透明时倒入汤煮沸。比起直接将辣白菜放到汤内煮，先炒一下辣白菜，会使泡菜汤的味道更香、更浓。做猪肉泡菜汤时，炒完泡菜后放上猪肉一起炒，再倒入汤是正确的步骤。煮秋刀鱼泡菜汤时，先炒秋刀鱼除去腥味，再炒泡菜才是正确的顺序。

泡菜汤是用辣白菜汤与水各一半制成的，二者根据实际情况调配。这时若使用秋刀鱼汤或干明太鱼汤的话，味道会更浓一些。但是如果放了充足的猪肉或者秋刀鱼的话，就没有必要用这种汤了。在泡菜汤中放豆腐时，一定要最后再放。若豆腐煮很久的话，豆腐的水分渗出会影响泡菜汤的味道。做好泡菜汤后，放入豆腐，稍微煮一下是最正确的做法。

做出美味紫菜包饭的技巧

煮出香喷喷的米饭

做紫菜包饭、豆腐皮寿司，或手捏的饭团时会发现，酸甜的寿司味道很好，而且不易变坏。若想蒸好做寿司用的米饭，掌握好水量很重要。另外，加入海带和酒可以做出更可口的美味。以上就是做出香喷喷的米饭关键所在。

具体做法如下：

（1）米淘洗干净后，把米放到细筛上去除水分，过1小时左右，可以称其重量。

（2）米量与水量相同的情况下，配酒时是以3杯米兑1杯酒的比例调配。

（3）将海带放入锅中，水开始沸腾时，就把海带放到蒸汽上。不过，不要在蒸汽上放太久。

（4）以1杯酒、2大匙食醋、1大匙砂糖、1/2小匙盐的标准，制成混合水。之后在火上烤一下。

（5）在做好的饭上洒上混合水。将饭匙竖立起来搅一下米饭，这样米粒不会被压。

保持紫菜干燥新鲜

当然，挑选既干燥又新鲜的紫菜非常重要，只有干燥的紫菜，在做好紫菜包饭后，才不会潮湿；必要时可用火将紫菜烤青。

不过还有比这个更重要的，那就是在蒸好饭后，在饭中放入食醋、盐、香油，用饭匙将饭搅开，晾着，让水蒸气散发。这样做水分就可以都蒸发掉，而不会发黏。

包紫菜包饭的方法

（1）将烤的紫菜放在包紫菜包饭的竹帘上，之后放上占紫菜3/4的米饭，并将其薄薄地铺在紫菜上。

（2）将火腿、牛蒡、胡萝卜、黄瓜、咸菜、鸡蛋等准备好的原料颜色不重合地放到薄薄的米饭上。

（3）将上面的原料固定好后，从下面开始卷起。

（4）再将香油涂在紫菜包饭的表面，用刀蘸上一点水，均匀地切开紫菜包饭即可。

巧加工吃剩变硬的紫菜包饭

紫菜饼

将切好的紫菜包饭放入鸡蛋液里面浸泡后，在放油的平底锅上煎一下。这样做出的紫菜饼不仅又热又脆，而且可以使生硬的饭变软。

油炸紫菜包饭

将淀粉与面粉以1:1的比例混合后加入适量冰水，制成面皮，裹住紫菜包饭。之后，把紫菜包饭放在油里炸得脆脆的就好了。这样炸过的紫菜包饭，作为零食绝不逊色，也是吃年糕时解腻的好食物。

烤紫菜包饭

切好紫菜包饭后，涂上一点油，放入预热至190~200℃的烤箱内，烤至紫菜包饭底部变脆，这样就做成了又脆又香的紫菜包饭烤饼。

如何煮出香喷喷的拉面

煮拉面时，煮出面的素淡与韧劲儿很重要，要配好水量才能煮出美味的拉面。首先，在两个锅内煮开水后，把拉面的调味料、洋葱、泡菜等放入一个锅内煮，这时的水量以可以盛满一个汤碗为宜。在另一个锅内煮面，稍微焖一下，将煮熟的面捞出放到另一个煮调料与菜的锅里。在面完全熟透之前，关掉火，闷上30秒，美味而有韧劲的拉面就做好了。

煮意大利面的秘诀

首先，在煮开的水中放入适当的盐，然后依据锅的大小，放入细面条。如果发现面开始一点一点下沉，那就需要用筷子柔和地拌和，使面条浮在水中。这样，面条就不会黏在一起，也不会黏在锅底了。

关于煮面的时间，大约8分钟就可以了，但由于不同的面需要煮的时间不同，所以最好还是按照包装袋上的说明来做。煮的时间比包装袋上标明的多2~3分钟的话，就可以轻微地咬到面心，尝到美味。用手按一下面，能够感觉到面心，就说明面已经煮好了。将煮好的面放到筛子上沥干，在锅里倒上橄榄油之后，放入面稍微炒一下，就可以品尝到美味的意大利面了。

如何做出美味的大酱汤

巧加工市售大酱

　　市场上卖的大酱，因为它制成的时间比较短，所以整体的味道与家里做的大不相同。若将市场上卖的大酱与家里的大酱各取一半来煮的话，汤的味道会好很多。若没有家里做的大酱，那么将买的大酱、切碎的洋葱，以及生豆末放在一起拌一会儿，再放入汤里，这样也可以做出好味道。

妙用其他汤品

　　煮秋刀鱼大酱汤时，不要将秋刀鱼捞出来，而是将它与大酱一起煮，味道才会更好。如果觉得整条秋刀鱼很碍事，也可以在去除秋刀鱼头部与内脏之后将其煮熟，将大酱汤摆上饭桌前再将其捞出即可。

　　煮海产品大酱汤时，先炒一下大酱，然后再放入蛤蚌汤和土豆，当土豆半熟时再加入海产品继续煮。这时减少大酱的量，就能尝到海产品的甜味了。

让大酱汤更香的技巧

　　用大酱做的大酱汤煮的时间一长，味道就容易不好。煮大酱汤时最好选择易熟的原料，煮到有汤味时就可以了。汤中的菜，可以选择软豆腐、嫩海带，或者滑嫩的金针菇，都很好吃。

8 种常见日韩料理制作

樱花卷
健脾养胃

原材料 寿司饭120克，鱼松粉少许，烤紫菜40克，黄瓜、腌萝卜、蟹柳、干瓢各适量

调味料 酱油、芥末、醋各适量

做法

1. 将烤紫菜铺在竹帘上，再放上寿司饭，压平；在寿司饭上均匀地撒上一层鱼松粉。

2. 双手捏住紫菜的两边，翻转过来，让鱼松粉置下、紫菜置于上面；在紫菜上摆上蟹柳、腌萝卜、黄瓜，再撒上干瓢。

3. 把寿司顺着紫菜卷成卷，用手握紧竹帘，然后松开，将樱花卷从席子中取出来。

4. 将樱花卷的头、尾切掉，切成小块；调味料做成料汁，蘸料汁食用即可。

太卷
防癌抗癌

原材料 寿司饭150克，烤紫菜40克，鱼松粉20克，黄瓜、胡萝卜条、白萝卜条、腌萝卜各50克

调味料 酱油、芥末、醋各适量

做法

1. 将竹帘用水清洗干净，平摊在桌上；在竹帘上铺上一块烤紫菜；紫菜上放上寿司饭，再撒上一层鱼松粉。

2. 把黄瓜、胡萝卜条、白萝卜条放在饭上；放上腌萝卜。

3. 把竹帘顺着紫菜卷成卷；用手握紧竹帘，然后松开，再将太卷从竹帘中取出来。

4. 将太卷切成小块；将调味料做成料汁，蘸料汁食用即可。

❶ ❷ ❸ ❹

甜虾刺身

益气滋阳

原材料 甜虾5只，白萝卜15克，冰块、欧芹叶各适量

调味料 芥末、日本酱油各适量

做法

1. 先将冰块打碎，然后放入盘中；白萝卜洗净去皮，切成细丝，放入盘中。
2. 将甜虾放入清水中解冻。
3. 将甜虾的背部外壳剥去，再将腹部外壳剥去；把甜虾的虾线去除。
4. 将甜虾摆放在碎冰上；欧芹叶洗净装饰，蘸调味料食用即可。

❶ ❷ ❸ ❹

烤秋刀鱼

祛脂降压

原材料 秋刀鱼1条，柠檬40克，萝卜泥20克，圣女果适量

调味料 盐3克，料酒、蚝油、酱油、蜂蜜各10毫升

做法

1. 将秋刀鱼处理干净，在鱼身上横着划几刀。

2. 在秋刀鱼身上竖划几刀；圣女果洗净；柠檬洗净切块备用。

3. 在鱼身上均匀地抹上盐、料酒、蚝油、酱油，腌渍30分钟，再均匀地抹上蜂蜜。

4. 秋刀鱼入烤箱烤至金黄色、全熟，取出盛盘，放上柠檬块、圣女果和萝卜泥即可。

❶　❷　❸　④

炸豆腐

健脾益胃

原材料 豆腐300克，白萝卜泥80克，柴鱼花少许，淀粉、蒜泥、葱花各适量

调味料 酱油50毫升，味啉25毫升，白糖20克，姜汁、油各适量

做法

1. 将豆腐用水洗净，对半切开，再对切成两半。
2. 把淀粉倒入盆中。
3. 将豆腐放入淀粉中滚几下，让其均匀裹上淀粉。
4. 将豆腐放入油锅中炸至金黄色，取出，盛盘，再放上柴鱼花，摆上白萝卜泥、蒜泥、葱花，蘸着除油外的调味料食用即可。

煮毛豆

降压降脂

| 原材料 | 毛豆300克 |
| 调味料 | 盐、油各适量 |

做法

1. 将毛豆洗净。

2. 将毛豆切去头尾。

3. 锅中加水，放少许油、盐，开大火煮开后，再煮5分钟即可关火（如果喜欢吃更软烂一些的毛豆，可以多煮一会儿）。

4. 将煮熟的毛豆倒入滤筛中滤除多余的水分，装盘即可。

营养石锅饭

健脾益胃

原材料 大米360克，糯米90克，黑豆30克，板栗60克，红枣32克，蘑菇37克，白果24克，松仁、人参、葱末、蒜泥各适量

调味料 酱油54毫升，辣椒粉1克，芝麻盐、胡椒粉、麻油、油各适量

做法

1. 将大米、糯米、黑豆洗净，提前浸泡，沥干；将板栗、红枣洗净切块；将蘑菇洗净切片；锅入油烧热，放入白果，中火热炒2分钟去皮；人参切段。

2. 将酱油、葱末、蒜泥、辣椒粉、芝麻盐、胡椒粉及麻油混合成调味酱料。

3. 石锅里放入大米、糯米、黑豆、板栗、蘑菇、人参、水，大火煮沸。

4. 转小火放入红枣、白果、松仁，续煮10分钟后熄火，均匀搅拌装碗，配调味酱料上桌。

紫菜包饭

养阴生津

原材料 大米360克，胡萝卜50克，黄瓜80克，萝卜咸菜70克，牛蒡100克，牛肉末80克，黄白蛋皮120克，紫菜6克，葱末2克，蒜泥2克

调味料 醋17毫升，酱油40毫升，糖10克，清酒5毫升，麻油、盐、胡椒粉各适量

做法

1. 大米提前浸泡，沥干；胡萝卜、黄瓜洗净切段，用盐腌渍；牛蒡切丝，腌在醋水里2分钟。

2. 牛肉末用酱油、糖、葱末、蒜泥、盐、麻油、胡椒粉搅拌；锅中加水，放大米煮熟，加入盐、麻油调味。

3. 锅入油烧热，放入胡萝卜、黄瓜、牛蒡、牛肉翻炒，加入酱油、水、糖、清酒。

4. 紫菜烤好，放上所有准备好的食材，卷成卷，切段即可。

第一章
自然原味的
日本料理

日本料理在制作上要求材料新鲜，烹调时尽量保持材料的原味，注重色、香、味、器四者的和谐统一。本章所选日本料理均采用家常做法，让您在家里也可以轻松、快捷地做出日本料理来。

人气主食
Ren Qi Zhu Shi

日本料理中的主食不仅种类丰富，而且营养美味。

米饭除了白米饭外，还有各种风味饭，如赤豆饭、板栗米饭等；此外还有盖饭，像鳗鱼饭、天妇罗饭等。日本面条主要包括三种，即荞麦面、乌冬面和素面。乌冬面通常煮成热汤面，而荞麦面和素面冷热皆可食用。

牛肉盖浇饭
排毒瘦身

原材料 牛肉100克，洋葱丝、水发香菇各80克，米饭、海带豆腐汤、泡黄瓜、圣女果各1份，葱花、红辣椒圈各适量

调味料 盐、料酒、酱油、油各适量

做法

1. 牛肉加调味料腌渍；香菇洗净切丝。

2. 锅入油烧热，以上材料炒熟，撒葱花、红辣椒；盛米饭，同配菜和汤食。

午餐肉面
降低血脂

原材料 面条、午餐肉、玉米粒、豆芽、卤蛋、白菜、黑木耳、葱花各适量

调味料 盐、调味粉各4克，油适量

做法

1. 玉米粒、豆芽、白菜、黑木耳焯熟。锅入油烧热，放入午餐肉煎至金黄。

2. 面条煮熟；面汤中调入调味料；摆入焯熟的蔬菜、卤蛋、午餐肉，撒上葱花。

三文鱼紫菜炒饭

降低血脂

原材料 米饭、三文鱼各100克，紫菜20克，菜粒30克，姜10克，葱花适量

调味料 盐2克，鸡精5克，油、生抽各适量

做法

1. 姜洗净切末；紫菜洗净切丝；菜粒入沸水中焯烫，捞出沥水。

2. 锅上火，入油烧热，放入三文鱼炸至金黄色，捞出沥油。

3. 锅中留少许油，放入米饭炒香，调入适量盐、鸡精，加入三文鱼、菜粒、紫菜丝、葱花、姜末炒香，再调入生抽即可。

米饭

紫菜

巧做炒饭： 做炒饭的时候，饭不可炒得太干，以免影响口感。

辣白菜炒饭
健脾养胃

原材料 蒜苗、胡萝卜、辣白菜各30克，米饭1份，鸡蛋1个

调味料 盐3克，生抽、油各适量

做法

1. 将辣白菜切段；胡萝卜用清水洗净后，切成细丁；蒜苗清洗干净，切成粒；鸡蛋打散入碗中，拌匀备用。

2. 油锅烧热后，将蒜苗、胡萝卜放入锅中炒香，再放入鸡蛋稍炒一会儿，放入米饭、辣白菜一起翻炒片刻。

3. 最后调入盐、生抽，炒至米粒散开即可食用。

蒜苗　　　　胡萝卜

营养功效： 蒜苗含有糖类、粗纤维、胡萝卜素、维生素 A、维生素 B_2、维生素 C、烟酸、钙、磷等成分，其中的粗纤维可预防便秘。

猪扒盖浇饭

排毒瘦身

原材料 猪扒、洋葱各80克，猪肉100克，米饭、海带豆腐汤、泡黄瓜、圣女果、鸡蛋液、面粉、面包糠各适量

调味料 盐、味精、胡椒粉、料酒、酱油、油各适量

做法

1. 猪扒用盐、味精、胡椒粉、料酒腌渍；猪肉切片，加盐、料酒、酱油腌渍；洋葱洗净切丝；猪扒蘸上鸡蛋液、面粉、面包糠；锅入油烧热，放入猪扒炸至金黄，切块，置米饭上。

2. 锅入油烧热，入猪肉片、洋葱丝炒熟后置米饭上，配剩余原材料食用。

鳗鱼紫菜盖浇饭

降低血脂

原材料 鳗鱼400克，紫菜20克，鸡蛋1个，白芝麻10克，米饭、蔬菜沙拉、海带豆腐汤各1份

调味料 糖、酱油、姜汁、蜂蜜、油各适量

做法

1. 鳗鱼处理干净，加糖、酱油、姜汁浸泡20分钟后取出，放上紫菜；剩余汤汁以小火煮开制成酱汁。

2. 烤盘上抹少许油，放上鳗鱼入烤箱烤6~8分钟，取出刷蜂蜜，撒白芝麻。

3. 鸡蛋煎熟切丝，铺于米饭上，放上紫菜、鳗鱼；配蔬菜沙拉、海带豆腐汤。

烤秋刀鱼定食
增强免疫力

原材料 秋刀鱼150克，米饭、蒸蛋、汤、蔬菜沙拉、果盘各1份，萝卜泥、柠檬片、生菜叶各适量

调味料 盐、料酒、蚝油、蜂蜜各适量

做法

1. 秋刀鱼处理干净，在鱼身划出网状刀口，加盐、料酒，淋上蚝油抹开，腌渍30分钟。

2. 烤前在秋刀鱼身上抹上蜂蜜，将其置于微波炉内，两面各烤3分钟，然后将盘内多余的汤汁倒掉，再用小火干烤2分钟取出，下面铺上生菜叶，在旁边摆上萝卜泥、柠檬片。

3. 配以米饭、蒸蛋、汤、蔬菜沙拉、果盘食用即可。

营养功效： 秋刀鱼含有丰富的蛋白质、脂肪酸，据分析，秋刀鱼还含有人体不可缺少的二十碳五烯酸(EPA)、二十二碳六烯酸(DHA)。

炭烧鳗鱼饭

增强免疫力

原材料 鳗鱼75克，米饭100克，千味渍50克

调味料 鳗鱼汁适量

鳗鱼

米饭

做法

1. 鳗鱼宰杀去内脏，沥干水分，炭烧鳗鱼至熟。
2. 将千味渍切成薄片，摆在米饭上。
3. 在米饭上淋上鳗鱼汁，再放上鳗鱼即可食用。

营养功效： 鳗鱼又分为河鳗和海鳗，河鳗的特点是脂肪含量高，含胆固醇也较多；海鳗与河鳗相比，脂肪含量要低得多，胆固醇含量也少。鳗鱼体内的脂肪和碳水化合物含量丰富，在所有鱼类中名列前茅。

辣白菜牛肉饭
增强免疫力

原材料 牛肉100克，米饭1份，辣白菜、葱、熟芝麻各适量

调味料 盐3克，料酒10毫升，酱油8毫升，辣椒酱10克，麻油、油各适量

做法

1. 牛肉洗净，切片，加盐、料酒腌渍；辣白菜洗净，切段；葱洗净，切葱花。

2. 油锅烧热，下入牛肉片炒片刻，再加入辣白菜同炒。

3. 调入酱油、辣椒酱炒匀，撒上葱花、熟芝麻，淋入麻油，起锅盛于米饭上即可食用。

营养功效：白菜具有通利胃肠、清热解毒、止咳化痰、利尿养胃的功效，是营养极为丰富的蔬菜。白菜所含丰富的粗纤维能促进肠壁蠕动，稀释肠道毒素，常食可增强人体抗病能力和降低胆固醇。

鳗鱼盖浇饭
排毒瘦身

原材料 鳗鱼400克，鸡蛋1个，米饭、泡菜、汤各1份

调味料 糖、酱油、橄榄油、姜汁、米酒各适量

做法

1. 鳗鱼处理干净，加糖、酱油、姜汁、米酒浸泡20分钟使之入味后取出，剩余汤汁煮开成酱汁。
2. 橄榄油入锅，油热入鳗鱼，煎熟。
3. 鸡蛋煎至金黄色后，铺于米饭上，再放上鳗鱼，淋上酱汁，配以泡菜、汤食用。

牛肉饭套餐
降低血脂

原材料 牛肉150克，胡萝卜、香菇、洋葱、黄瓜各30克，白芝麻10克，芝麻米饭、辣白菜、西瓜、高汤、葱花各适量

调味料 盐、油、料酒各适量

做法

1. 牛肉洗净，切片，加盐、料酒腌渍；胡萝卜去皮洗净，切片；黄瓜洗净，切片；香菇泡发；洋葱洗净，切丝。
2. 油锅烧热，入牛肉片炒熟后装入碗中；将胡萝卜片、黄瓜片、香菇、洋葱丝分别焯水后摆入装有牛肉的碗中，撒上白芝麻与葱花；配以芝麻米饭、辣白菜、西瓜、高汤食用即可。

烧肉盖浇饭

排毒瘦身

原材料 鸡肉200克，胡萝卜、黄瓜、白菜各30克，米饭、泡菜、汤各1份

调味料 盐、油、料酒、酱油、白砂糖、米酒各适量

做法

1. 胡萝卜、黄瓜、白菜均洗净，焯水后切丝，置米饭上；将酱油、白砂糖、米酒调匀，煮成酱汁。

2. 鸡肉洗净，切块，加盐、料酒腌渍后，两面再蘸少许酱汁上色。

3. 油锅烧热，入鸡肉煎至两面金黄，边煎边放酱汁，煎至收汁，起锅倒入焯过水的蔬菜上，配以泡菜、汤食用。

辣白菜炒肉定食

降低血脂

原材料 猪肉150克，梨、泡菜、芝麻米饭、高汤、辣白菜各适量，蒸蛋1份

调味料 盐、油、料酒各适量

做法

1. 猪肉洗净，切片，加盐、料酒腌渍。

2. 油锅烧热，入猪肉片炒熟，放入辣白菜稍炒，起锅盛于盘中；配以芝麻米饭、梨、泡菜、蒸蛋、高汤食用。

猪肉

梨

青花鱼套餐
排毒瘦身

原材料 青花鱼200克，芝麻米饭、泡菜、咸蛋、高汤、果盘各1份，萝卜丝、柠檬片各适量

调味料 盐、料酒、蜂蜜各适量

做法

1. 青花鱼处理干净，在鱼身划出网状刀口，加盐、料酒腌渍。

2. 在青花鱼身上抹上蜂蜜，将其置于烤箱内，两面各烤5分钟取出，在旁边摆上萝卜丝、柠檬片。

3. 配以芝麻米饭、泡菜、咸蛋、高汤、果盘食用即可。

生鱼片套餐
降低血脂

原材料 金枪鱼、三文鱼、平目鱼各50克，米饭、紫菜汤、酸菜、泡菜、蒸蛋、生菜各1份

调味料 酱油、芥末各适量

做法

1. 金枪鱼、三文鱼、平目鱼均清理干净，放入冰水中冰镇1天后，取出切片，摆好。

2. 配以米饭、紫菜汤、酸菜、泡菜、蒸蛋、生菜、酱油以及芥末食用即可。

酱汁牛肉饭

增强免疫力

原材料 牛肉80克，米饭1份，洋葱、青椒、胡萝卜、西红柿、黄瓜、熟芝麻各适量

调味料 麻油6毫升，盐、黑胡椒粉、酱油、油、料酒、糖、辣酱各适量

做法

1. 牛肉洗净，切块；洋葱、青椒、胡萝卜、黄瓜洗净，切片；西红柿洗净，切丁；酱油、料酒、糖、辣酱、麻油调成酱汁；牛肉放入酱汁中腌渍。

2. 油锅烧热，入洋葱片、青椒片、胡萝卜片、黄瓜片、西红柿丁同炒，盛出；再热油锅，入牛肉块炒熟，调入盐、黑胡椒粉，放入炒好的材料稍炒后盛出，盖在米饭上，撒上熟芝麻。

巧做辣椒油： 若没有辣酱，可以将麻油倒入辣椒粉内混合来代替辣酱。辣椒粉与麻油混合也能产生辣的味道。

炸猪排套餐
排毒瘦身

原材料 猪排300克，鸡蛋1个，米饭、酸菜、蒸蛋、紫菜汤、蔬菜沙拉、泡菜各1份，面粉、面包糠各适量

调味料 盐、油、胡椒粉、料酒、辣酱油各适量

做法

1. 猪排用盐、胡椒粉、料酒腌渍。
2. 鸡蛋打散，搅匀，把腌渍后的猪排蘸上鸡蛋液，再蘸上面粉、面包糠。
3. 油锅烧热，放入猪排炸至金黄色，捞起沥油，用刀切成小块装盘，淋上辣酱油；配以米饭、酸菜、蒸蛋、紫菜汤、蔬菜沙拉、泡菜食用即可。

照烧鸡套餐
降低血脂

原材料 鸡肉200克，白芝麻、芝麻米饭、芥蓝、洋葱、圣女果、生菜各适量

调味料 盐、油、料酒、酱油、白糖、米酒、胡椒粉各适量

做法

1. 酱油、白糖、米酒调匀，制成酱汁。
2. 鸡肉洗净，切块，加盐、料酒腌渍后，两面再蘸少许酱汁上色。
3. 油锅烧热，入鸡肉煎至两面金黄，边煎边放酱汁，煎至收汁，撒上胡椒粉与白芝麻，饰以生菜。
4. 配以芝麻米饭、芥蓝、洋葱、圣女果食用即可。

牛肉定食

降低血脂

原材料 牛肉80克，生菜4克，米饭1份，水淀粉8毫升，香菜8克

调味料 盐、黑胡椒粉各2克，酱油10毫升，料酒、油各适量

做法

1. 牛肉洗净，切块，用料酒腌渍；香菜洗净，切碎；生菜洗净，垫入盘底；米饭置盘中。

2. 油锅烧热，下入牛肉块拌炒至熟，调入适量盐、黑胡椒粉、酱油炒匀，以水淀粉勾芡，盛出置于生菜上，放上香菜即可。

牛肉　　　　生菜

营养功效： 香菜能促进胃肠蠕动，具有开胃醒脾、调和中焦的作用；香菜提取液具有显著的发汗、清热、透疹的功能。

蟹柳大虾炒乌冬面

排毒瘦身

原材料 蟹柳、大虾、鱿鱼各50克,乌冬面、圆白菜、青菜、圣女果各适量

调味料 盐3克,生抽10毫升,胡椒粉4克,油适量

做法

1. 蟹柳、大虾、鱿鱼均处理干净,鱿鱼切条,圆白菜洗净,切丝;圣女果、青菜洗净备用。

2. 乌冬面煮熟,浸入凉水,待凉捞出。

3. 油锅烧热,入蟹柳、大虾、鱿鱼同炒,放入乌冬面、圆白菜丝,炒至熟,调入盐、生抽、胡椒粉炒匀,饰以圣女果、青菜即可。

大虾

鱿鱼

巧让鱿鱼入味: 在烹饪前要在鱿鱼上划几刀,如果调味料仍然无法渗入的话,就多放入一些调味料。

土豆牛肉盖浇饭
排毒瘦身

原材料 米饭1份，土豆150克，牛肉
100克，洋葱80克，青椒30克，泡菜50
克，芝麻少许

调味料 盐3克，味精2克，油、酱油、
料酒各适量

做法

1. 土豆、牛肉、青椒洗净切小块；洋葱
   洗净切小粒；牛肉用小火焖1小时。

2. 锅中放油烧热，放入土豆、牛肉、洋
   葱和青椒，调入酱油、料酒爆炒。

3. 将盐、味精调入锅中，所有材料炒匀
   至熟，放在盛米饭的碗内，撒上芝
   麻，配上泡菜一起食用。

猪柳定食
增强免疫力

原材料 猪柳200克，鸡蛋1个，面粉15
克，面包糠10克，珍珠米50克，小菜
30克

调味料 盐2克，胡椒粉10克，鸡精2
克，油适量

做法

1. 将猪柳洗净，用刀背拍松，加入调味
   料腌20分钟；鸡蛋去壳打成蛋液。

2. 将珍珠米洗净，用深盘加水，隔水蒸
   20分钟。

3. 猪柳加面粉、蛋液、面包糠，放入热
   油中炸至金黄色，捞起盛盘，配上小
   菜、珍珠米饭食用。

五花肉辣白菜饭

排毒瘦身

原材料 米饭200克，辣白菜60克，五花肉、青椒、洋葱片、胡萝卜、豆芽、圆白菜、凉面汁各适量，芝麻、葱花各少许

调味料 盐2克，味精、油、料酒各少许

做法

1. 胡萝卜、豆芽、圆白菜洗净后切丝；五花肉洗净切成薄片；青椒洗净去蒂切丝。

2. 锅中放油烧热，放入五花肉稍炒，再加入青椒丝、洋葱片、胡萝卜丝、豆芽丝、圆白菜丝炒匀，调入料酒、盐、味精炒匀。

3. 将炒好的菜装入碗内，撒上芝麻、葱花，配上辣白菜、凉面汁、米饭即可食用。

巧腌辣白菜： 要想腌好白菜，就先把白菜泡在盐水中，然后在根部撒上盐进行腌渍。

叉烧饭
增强免疫力

原材料 叉烧100克，胡萝卜、洋葱各60克，白芝麻10克，芝麻米饭、玉米沙拉、高汤各1份，圣女果适量

调味料 盐、油、酱油各适量

做法

1. 叉烧洗净，切成小条；胡萝卜、洋葱均洗净，切条；圣女果洗净，对半切开。

2. 油锅烧热，入叉烧条、胡萝卜条、洋葱条同炒至熟，放入盐、酱油、白芝麻炒匀，盛盘。

3. 配以芝麻米饭、玉米沙拉、圣女果、高汤食用即可。

咖喱牛肉套餐
降低血脂

原材料 鸡肉、牛肉各100克，土豆、胡萝卜各80克，米饭、紫菜汤、酸菜、蒸蛋、生菜丝各1份，天妇罗粉适量

调味料 盐、酱油、油、咖喱粉各适量

做法

1. 天妇罗粉加水调匀，放入鸡肉上浆，入油锅炸成金黄色，置于米饭上。

2. 牛肉、胡萝卜、土豆均洗净切块；土豆、胡萝卜均焯水后捞出。

3. 起油锅，入牛肉稍炒，再入土豆、胡萝卜同炒，放入咖喱粉，入水烧开，调入盐、酱油拌匀，盛于米饭上，配紫菜汤、酸菜、蒸蛋、生菜丝食用。

黑胡椒牛肉饭

增强免疫力

原材料 牛肉80克，米饭1份，洋葱、青椒、胡萝卜、圣女果、熟芝麻各适量

调味料 盐、黑胡椒粉各3克，酱油10毫升，料酒15毫升，油适量

做法

1. 牛肉、胡萝卜、青椒均洗净，切片；洋葱洗净，切丝；圣女果洗净，对切；牛肉加料酒腌渍。

2. 油锅烧热，入胡萝卜片、洋葱丝、青椒片炒香，再入牛肉片同炒至熟，调入盐、黑胡椒粉、酱油拌匀，撒上熟芝麻，放上圣女果，出锅置于米饭上即可。

牛肉

洋葱

营养功效：青椒富含维生素 C，可凉拌、炒食、煮食、腌渍等，适合高血压、高脂血症患者食用。

63

凉拌冷茶面

增强免疫力

原材料 冷茶面80克，鹌鹑蛋1个，紫菜15克，葱10克

调味料 芥末20克，冷面汁适量

做法

1. 鹌鹑蛋煮熟去壳；葱择洗净切葱花；紫菜切丝。

2. 锅中加水烧开，放入冷茶面煮1分钟至熟，捞出浸入冰水中2分钟。

3. 面条捞出，沥干水分放入碗中，加入鹌鹑蛋、葱花、紫菜丝，调入冷面汁、芥末拌匀即可食用。

> **烤紫菜的好方法：** 用平底锅或烤箱可以很好地烤紫菜，用稍大的火预热后，待锅热放上10张左右的紫菜；当一面烤得差不多时，将紫菜翻过来用同样的方法烤另一面。

蚝汁牛肉饭
排毒瘦身

原材料 牛肉120克，米饭1份，洋葱、胡萝卜、青椒、熟芝麻各适量

调味料 盐、黑胡椒粉各3克，料酒12毫升，辣椒酱、番茄酱各15克，蚝油、油各适量

做法

1. 牛肉、洋葱、胡萝卜、青椒均洗净，切片；牛肉用料酒腌渍。

2. 油锅烧热，入洋葱片、胡萝卜片、青椒片稍炒，加入牛肉片炒熟，调入盐、蚝油拌匀，起锅盛于米饭上。

3. 将黑胡椒粉、辣椒酱、番茄酱、熟芝麻拌匀，淋在牛肉上即可。

海鲜锅仔饭
增强免疫力

原材料 虾、蟹、鱿鱼、鱼柳共250克，米饭200克，鸡蛋1个

调味料 糖5克，油、麻油、盐各少许，鳗鱼汁适量

做法

1. 将虾、蟹、鱿鱼、鱼柳洗净放入六成热的油中，过油捞起。

2. 热锅加油，下入蛋和米饭，加少许盐炒香，装盘。

3. 热锅，倒入鳗鱼汁和虾、蟹、鱿鱼、鱼柳同煮，再放入糖、麻油炒匀，淋到装盘的饭上即可食用。

圆白菜炒乌冬面

降低血脂

原材料 乌冬面100克，圆白菜20克，洋葱30克，红千切生姜15克

调味料 酱油8毫升，白糖3克，盐2克，油适量

做法

1. 圆白菜、洋葱洗净切丝备用。

2. 锅中加油烧热，将圆白菜丝、洋葱丝放入锅中炒至将熟时，加入煮熟的乌冬面，边炒边用筷子拨开，然后加入少许酱油着色，再次搅拌炒至面都松开、酱油颜色都覆盖均匀；起锅前加盐、白糖调味，盛盘后点缀红千切生姜即可。

圆白菜　　　　　洋葱

切洋葱不刺眼窍门： 在切洋葱前把刀放在冷水里浸一会儿，可预防辣眼。

酸辣面

增强免疫力

原材料 面条110克，玉米粒25克，鲜笋25克，叉烧20克，卤蛋半个，豆芽20克，葱5克

调味料 酸辣酱、白醋、豆瓣酱、鸡精各适量

做法

1. 鲜笋去皮洗净；叉烧切成片；葱洗净切成葱花。

2. 锅入水烧开，放入鲜笋、豆芽、玉米粒烫熟；面条煮熟，盛出装入碗内。

3. 面汤中放入酸辣酱、白醋、豆瓣酱、鸡精，烧开，加入玉米粒、鲜笋、叉烧、豆芽、卤蛋稍煮，倒在面碗中，撒上葱花即可食用。

> 豆芽煮好后不能放在凉水里：豆芽含有水溶性维生素C；在热力下或水中都很容易流失。若将烫过的豆芽放在凉水中冲洗，那么豆芽的营养素会加倍被破坏。

牛肉荞麦凉面

排毒瘦身

原材料 荞麦面、熟牛肉、胡萝卜、香干、菜花、生粉、圣女果、生菜各适量

调味料 盐、味精、卤汁、油各适量

做法

1. 熟牛肉、胡萝卜（洗净）、香干切片；菜花洗净切朵；圣女果、生菜洗净。

2. 锅中入油烧热，放入胡萝卜、香干、菜花炒香，加入卤汁烧开，调入盐、味精，用生粉勾芡。

3. 荞麦面入沸水中煮熟，捞出过冰水后

装盘，摆上炒好的原材料以及圣女果、生菜，放上熟牛肉即可。

胡萝卜　　　　　菜花

看色泽选牛肉：新鲜牛肉呈红色，颜色均匀且有光泽，脂肪为洁白或淡黄色；而变质的牛肉则色暗且无光泽，脂肪呈淡黄绿色。

香葱腊肉面
增强免疫力

原材料 面条150克，腊肉40克，豆芽20克，圆白菜20克，黑木耳25克，卤蛋半个，香葱适量

调味料 盐、咖喱粉、辣椒油、酱油、油各适量

做法

1. 圆白菜洗净切块；黑木耳洗净切丝；腊肉剁末；香葱切葱花；豆芽、圆白菜和黑木耳焯水后取出。

2. 锅中放油烧热，放入腊肉，加入辣椒油、盐、酱油一起爆炒，炒熟后盛出备用。

3. 锅中加水烧开，放入面条煮熟，加入焯烫过的豆芽、圆白菜、黑木耳，调入咖喱粉拌匀后，放入腊肉、卤蛋，撒上葱花即可。

腊肉的选购：质量好的腊肉色泽鲜艳，肌肉为鲜红色或暗红色，脂肪透明或呈乳白色，结实而有弹性。

金针菇肥牛面
增强免疫力

原材料 面条110克，肥牛50克，金针菇150克，胡萝卜、玉米粒各25克，圆白菜15克，豆芽20克，葱花、白汤各适量

调味料 盐、酱油、调味粉各适量

做法

1. 肥牛切片；胡萝卜洗净切条；圆白菜洗净切块；金针菇、豆芽洗净备用。

2. 用肥牛片将金针菇卷起，分成4份；锅中入白汤烧开，放入金针菇卷，调入酱油煮1分钟。

3. 放入面条，加入圆白菜、豆芽、玉米粒、胡萝卜条，调入盐、调味粉煮匀，撒上葱花即可。

金针菇

胡萝卜

怎样避免金针菇牛肉卷散开：在肉卷重叠处涂上淀粉才能更好地固定。然后涂上混合好的蛋清与淀粉，再涂一层淀粉后油炸，这样外皮就不会掉。

咖喱牛肉面

排毒瘦身

原材料 面条100克，牛肉100克，圆白菜20克，白萝卜50克，豆芽20克，葱花适量

调味料 盐、咖喱粉、油各适量

做法

1. 豆芽洗净；白萝卜洗净切片；圆白菜洗净切块；再将豆芽、白萝卜、圆白菜入沸水焯熟；牛肉洗净切丁。

2. 水烧开，加入面条煮熟，捞出；再将牛肉煮熟后，捞出铺在面上。

3. 锅中调入咖喱粉、盐和油拌匀煮沸，倒在面上，铺上焯熟的白萝卜、豆芽、圆白菜，撒上葱花即可。

牛腩面

降低血脂

原材料 面条150克，牛腩100克，豆芽、圆白菜、黑木耳各15克，卤蛋半个，葱花、姜片各适量

调味料 盐、酱油、油各适量

做法

1. 牛腩、圆白菜洗净切成块；黑木耳洗净切丝；豆芽洗净。

2. 水烧开，入牛腩、盐、酱油卤30分钟取出；另起油锅，将牛腩入锅翻炒。

3. 另起锅水烧开，加入面条煮熟，盛入碗内，注入面汤，将豆芽、黑木耳、圆白菜、姜片焯烫后放面上，放牛腩、卤蛋，撒上葱花即可。

猪软骨拉面
排毒瘦身

原材料 拉面200克，猪软骨80克，圆白菜30克，胡萝卜150克，葱适量

调味料 盐、酱油、料酒各适量

做法

1. 猪软骨洗净切块；圆白菜洗净切大块；胡萝卜洗净切片；葱洗净切葱花。

2. 锅中放水烧开，调入盐、酱油，放入猪软骨，调入料酒，卤制30分钟左右取出。

3. 水烧开，放入拉面煮熟，加入圆白菜、胡萝卜稍煮片刻即可出锅，铺上猪软骨，撒上葱花即可。

泡菜拉面
降低血脂

原材料 拉面150克，泡圆白菜20克，海带结20克，圆白菜15克，卤蛋半个，玉米笋20克，白汤适量，葱1棵

调味料 鸡精2克

做法

1. 泡圆白菜切成大块；圆白菜洗净切块；葱洗净切葱花。

2. 锅中白汤烧开，放入拉面煮熟，加入海带结、圆白菜、玉米笋、泡圆白菜煮3分钟左右。

3. 最后调入鸡精拌匀，放入卤蛋，撒上葱花，即可出锅。

肥牛咖喱乌冬面

增强免疫力

原材料 乌冬面、豆芽、黑木耳、玉米粒、圆白菜、肥牛各适量，葱花5克

调味料 调味粉2克，咖喱粉20克，调味油15毫升，盐、辣椒油各适量

做法

1. 圆白菜洗净切块；黑木耳洗净切丝；豆芽、玉米粒洗净；肥牛切块，再将这5种材料入沸水焯熟。

2. 锅中加水烧开，放乌冬面煮熟，捞出装入碗内。

3. 水再烧开，调盐、调味油、辣椒油、咖喱粉、调味粉调匀，倒在面碗内，加入豆芽、黑木耳、玉米粒、圆白菜、肥牛，撒上葱花即可。

摸黏度选购牛肉： 新鲜牛肉外表微干或有风干膜，用手触摸不黏手，富有弹性；变质的牛肉外表黏手或极度干燥，新切面发黏，用手指压后凹陷不能复原。

多春鱼肉丸乌冬面

益气补虚

原材料 乌冬面100克，多春鱼200克，肉丸100克，生菜50克，红椒20克，上汤、生粉、葱花各适量

调味料 盐、糖、料酒、油、鸡精各适量

做法

1. 将红椒洗净后去蒂、去籽切丁；多春鱼收拾干净。

2. 多春鱼身均匀地裹上生粉，加入盐、鸡精、料酒腌渍；锅内注油烧热，放入多春鱼，炸至两面呈金黄色；肉丸、生菜入沸水中焯熟。

3. 将乌冬面煮熟捞出，沥干水分，装入碗内，放入所有备好的材料，注入上汤，调入糖，撒上葱花即可。

巧做油炸外衣：在面粉里面放一点牛奶，并用手搓一下，油炸时既可以防止炸糊，又能使食物更柔软、美味。

74

海鲜乌冬面
排毒瘦身

原材料 乌冬面200克，鸣门卷20克，豆芽20克，玉米笋30克，圆白菜20克，黑木耳20克，炒制鱿鱼15克，蟹柳50克，八爪鱼25克，墨鱼仔30克

调味料 调味粉、盐水、调味油各适量

做法

1. 圆白菜洗净切块；黑木耳洗净切丝；其余原材料洗净备用。
2. 水烧开，入乌冬面煮熟，装入碗内；面汤内调入调味粉、盐水、调味油。
3. 水烧开，将所有原材料焯熟，盛入面碗内，倒入调好味的面汤即可。

吉列猪扒面
滋阴润燥

原材料 面条110克，豆芽、圆白菜、黑木耳各25克，熟咸鸭蛋半个，熟猪扒80克，白汤、葱花各适量

调味料 调味粉、盐、沙拉酱各5克、调味油5毫升

做法

1. 圆白菜洗净切块；黑木耳洗净切丝；猪扒切开五刀，放上沙拉酱；黑木耳、豆芽、圆白菜焯水后捞出。
2. 水烧开，入面条煮熟，盛入碗中，调入调味粉、调味油、盐。
3. 白汤入碗，放黑木耳、豆芽、圆白菜，撒上葱花，放上熟猪扒、咸鸭蛋。

炸酱面

滋阴润燥

原材料 面条200克，猪肉、菜心各30克，香菇、黑木耳、莴笋各5克，红辣椒圈适量

调味料 香菇酱10克，辣椒油、蚝油各适量

做法

1. 猪肉、香菇、黑木耳、莴笋洗净切粒，下油锅中与香菇酱、辣椒油一起炒香成炸酱。

2. 面条煮熟，捞出盛盘，加蚝油拌匀。

3. 菜心焯水至熟，摆于盘侧，炒好的炸酱盖于面条上，撒红辣椒圈即可。

猪肉

香菇

营养功效： 香菇的主要营养成分有蛋白质、脂肪、碳水化合物等。其营养易被人体消化吸收，有改善贫血、增强免疫力、平衡营养吸收等功效。

味噌拉面

增强免疫力

`原材料` 拉面110克，叉烧15克，圆白菜20克，金针菇20克，豆芽10克，卤蛋半个，玉米粒25克，葱花2克

`调味料` 味噌汤适量

做法

1. 叉烧切成片；圆白菜洗净切成片；金针菇、玉米粒、豆芽洗净。

2. 锅中注水烧开，放入拉面煮熟，捞出拉面沥水后装碗。

3. 将处理好的原材料入沸水中焯熟后放在拉面上，将味噌汤注入配好的面碗内，放入卤蛋，即可食用。

圆白菜

金针菇

将味噌汤煮得很香的窍门： 煮味噌汤时应选择易熟的原料，煮到有汤味即可。汤料可以选择软豆腐、嫩海带，或者金针菇，都很好吃。

鲜香牛肉拉面
排毒瘦身

[原材料] 拉面450克，熟牛肉30克，萝卜20克，圣女果20克，蒜苗10克，香菜5克，牛骨汤适量

[调味料] 盐3克，味精3克，辣椒油适量

做法

1. 熟牛肉切丁；萝卜洗净切片；蒜苗洗净切末；香菜洗净切末；圣女果洗净对半剖开。

2. 锅中加水烧开，放入萝卜片焯熟，捞出；牛骨汤煮开。

3. 拉面入沸水中煮熟捞出，倒入牛骨汤，调入盐、味精，放上备好的材料，淋上辣椒油即可。

香辣鸡块拉面
降低血脂

[原材料] 拉面150克，豆芽20克，圆白菜20克，黑木耳25克，卤蛋半个，鸡肉25克，葱花适量

[调味料] 盐、油、料酒、酱油、咖喱粉、辣椒油各适量

做法

1. 鸡肉洗净切成块状；黑木耳洗净切丝；圆白菜洗净切块。

2. 油锅烧热，放入鸡块，调入辣椒油、盐、料酒和酱油爆炒，至熟出锅。

3. 锅中水烧开，放入咖喱粉，下拉面煮熟，放入圆白菜、豆芽、黑木耳，盛出，加入鸡块、卤蛋，撒葱花。

叉烧拉面

增强免疫力

原材料 拉面100克，叉烧100克，圆白菜50克，玉米笋3根，金针菇50克，上汤100毫升，葱5克

调味料 盐3克，花生酱10克

做法

1. 圆白菜洗净切块；叉烧切片；金针菇洗净；葱洗净切葱花。

2. 金针菇、圆白菜、叉烧、玉米笋入开水中焯熟备用。

3. 拉面煮熟，捞出沥干水分，盛入碗内，再将所有备好的材料放入，调入盐、花生酱，注入上汤，撒上葱花。

圆白菜

金针菇

营养功效： 玉米笋含有丰富的维生素、蛋白质和矿物质，口感甜脆，鲜嫩可口，常食玉米笋具有益肝健脾、养颜护肤、延缓衰老的功效。

气质主菜

Qi Zhi Zhu Cai

刺身是最出名的日本料理之一。它是将新鲜的鱼、虾、章鱼、蟹、贝类等，采用特殊刀工切成片、条、块等形状，蘸着芥末、酱油等佐料，直接生吃的一种料理。日本进餐的形式之一是一品料理，即零点菜单，人们可以根据自己的喜好选择不同口味的料理，其食材丰富多样，烹饪方法也不拘于形式。

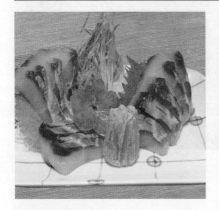

斑鱼刺身

补肝益肾

原材料 斑鱼300克，白芝麻8克，葱花、姜末各8克，冰块适量

调味料 酱油、芥末各适量

做法

1. 斑鱼洗净，切块，放入冰块中浸泡1天后，捞出摆入盘中。

2. 将白芝麻、葱花、姜末和调味料混合成味汁，食用时蘸上味汁即可。

章红鱼刺身

益肠明目

原材料 章红鱼120克，冰块适量

调味料 芥末10克，酱油15毫升

做法

1. 章红鱼洗净，切成薄片，放入冰水中浸泡10分钟。

2. 将冰块打碎，放在盘中，按顺序摆好章红鱼片；取芥末和酱油调成味汁，蘸食即可。

冰镇素鲍鱼

增强免疫力

原材料 素鲍鱼200克，冰块适量

调味料 素鸡粉、鲍鱼浓汁、芥末、酱油、白糖各适量

酱油　　　白糖

做法

1. 素鲍鱼洗净，切成薄片，下入沸水中稍煮后，捞出沥干水分。

2. 冰块打碎放入盘中，把切好的素鲍鱼片整齐地排在碎冰上。

3. 将芥末除外的调味料加适量水调成酱汁，装入味碟，挤上芥末一同上桌。

> **特别提示：** 根据颗粒大小，糖可分为白砂糖、绵白糖、方糖、冰糖等。其中白砂糖、绵白糖都称白糖，它们的蔗糖含量一般在95%以上。白砂糖是食糖中含蔗糖最多、纯度最高的品种，绵白糖含糖量相对较少。

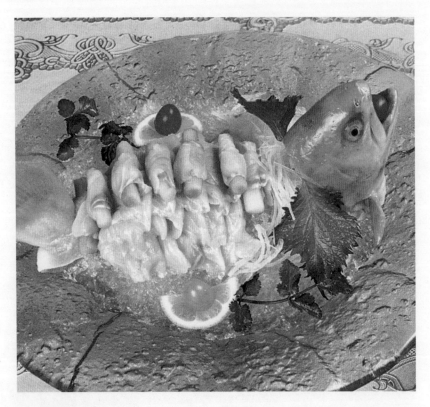

金鳟鱼刺身

滋补脾胃

原材料 金鳟鱼400克，芦笋25克，柠檬、圣女果、冰块各适量

调味料 酱油、芥末各适量

做法

1. 冰块打碎，放入盘中；芦笋洗净，去皮，切成小段，下入沸水中焯至熟后，备用。

2. 金鳟鱼洗净，切片，一部分用芦笋段卷起来；柠檬切成片和圣女果、剩余鱼片一起置于冰盘上。

3. 将酱油、芥末调匀成味汁，食用时蘸味汁即可。

芦笋

柠檬

营养功效： 金鳟鱼肉质细嫩，味道鲜爽，富含人体所需的氨基酸和微量元素，营养价值极高，具有补虚、强身、暖胃等功效。

章鱼刺身

缓解疲劳

原材料 章鱼60克，白萝卜50克，紫苏叶、柠檬、冰块各适量

调味料 芥末10克，酱油15毫升

做法

1. 章鱼洗净，切小片，放入冰水中浸泡10分钟；紫苏叶洗净；白萝卜洗净，切丝；柠檬洗净，切片。

2. 将冰块打碎，放在盘中，摆上紫苏叶、白萝卜丝，把章鱼片和柠檬片交叉摆放好。

3. 取芥末和酱油调匀成味汁，蘸食即可。

白萝卜

柠檬

去除海鲜腥味的技巧： 切开的海鲜若要去腥，就把它泡在盐水中，这样就可以去除海鲜的腥味，而且海鲜肉也会变得柔软。

象牙贝刺身
增强免疫力

原材料 象牙贝100克，洋葱丝、胡萝卜丝、冰块各适量

调味料 酱油、芥末各适量

做法

1. 将象牙贝洗净，放入冰块中冰镇1天，备用。

2. 象牙贝解冻，摆入盘中，饰以洋葱丝、胡萝卜丝。

3. 将酱油、芥末调匀成味汁，食用时蘸味汁即可。

洋葱　　　　胡萝卜

什锦刺身拼盘
降低血脂

原材料 三文鱼150克，平目鱼、鱿鱼、章红鱼、醋青鱼、北极贝各100克，柠檬10克，圣女果适量

调味料 生抽80毫升，芥末粉5克

做法

1. 三文鱼、章红鱼洗净，去鳞、骨，切段，冻1天，取出切片；北极贝去肚洗净，取出切片；鱿鱼、平目鱼均洗净，冻1天，取出切片；醋青鱼洗净，冻1天，切片。

2. 柠檬洗净切片；圣女果洗净；所有原材料摆放在刺身盘上；将生抽、芥末粉混合为味汁，食用时蘸味汁即可。

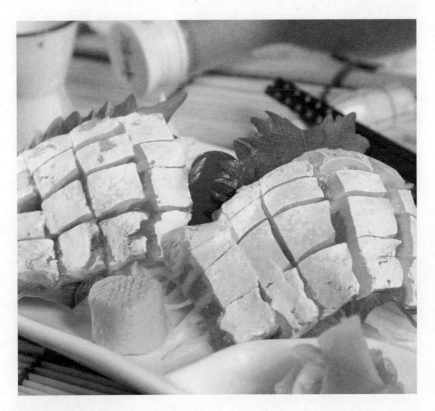

金枪鱼刺身

解毒生津

原材料 金枪鱼300克，紫苏叶2片，白萝卜25克，圣女果、冰块各适量

调味料 酱油、芥末各适量

做法

1. 金枪鱼洗净后切块，再打上花刀；白萝卜洗净，切丝；紫苏叶洗净，擦干水分。

2. 将冰块打碎，装入盘中，撒白萝卜丝，摆上紫苏叶，再放上金枪鱼、圣女果。

3. 将酱油、芥末调成味汁，食用时蘸味汁即可。

金枪鱼　　　　　白萝卜

去除白萝卜涩味的技巧：如果白萝卜有涩味，就在烹饪前将其放入水里或汽水里，浸泡1小时左右再食用。

鱿鱼刺身
降脂降压

原材料 鱿鱼200克，紫苏叶2片，白萝卜15克，葱花、姜末、白芝麻、圣女果、冰块各适量

调味料 芥末适量

做法

1. 鱿鱼洗净，放冰中冻1天，取出切片，打上花刀。

2. 将紫苏叶洗净，擦干水分备用；白萝卜去皮，洗净，切成细丝；圣女果洗净备用。

3. 将冰块打碎，撒上白萝卜丝，铺上紫苏叶，再摆上鱿鱼片、圣女果。

4. 将葱花、姜末、白芝麻和芥末混合成味汁，食用时蘸味汁即可。

炒鱿鱼的技巧： 干鱿鱼应提前在清水里浸泡1夜，而且不太适合爆炒；新鲜的鱿鱼在炒之前可以放入开水锅中烫一下，炒的时间不要太长，3分钟即可。

黄瓜三文鱼刺身
补肝明目

原材料 三文鱼500克，黄瓜、胡萝卜各30克，柠檬适量

调味料 酱油、芥末各适量

做法

1. 黄瓜、胡萝卜均洗净，切丝，摆好；柠檬洗净切片，摆好。
2. 三文鱼去鳞、骨和皮，取肉洗净切片，置于黄瓜丝和胡萝卜丝上。
3. 将酱油和芥末调匀，搭配食用。

黄瓜

胡萝卜

三文鱼刺身
增强脑力

原材料 三文鱼500克，柠檬片、冰块各适量

调味料 酱油、芥末各适量

做法

1. 将冰块打碎，放入盘中制成冰盘。
2. 将三文鱼去鳞、骨和皮，取肉洗净切片，摆入冰盘。
3. 调入酱油和芥末，再放入柠檬片加以装饰。

三文鱼

柠檬

平目鱼刺身

利尿通便

原材料 平目鱼200克，紫苏叶2片，白萝卜、蒜末、寿司姜、圣女果、冰块各适量

调味料 酱油、芥末各适量

做法

1. 平目鱼洗净，冻1天，取出切片。

2. 紫苏叶洗净，擦干水分；白萝卜去皮，洗净，切成细丝；圣女果洗净。

3. 将冰块打碎，撒上白萝卜丝，铺上紫苏叶，再摆上平目鱼，放入圣女果。

4. 将调味料与蒜末、寿司姜混合成味汁，蘸味汁食用即可。

白萝卜

蒜

用萝卜巧去鱼鳞：用白萝卜块擦鱼鳞的表面，鱼鳞就会粘到萝卜上。这种方法既可以避免鱼肉受损，也可避免鳞片四溅。

豪华刺身拼盘
保护肝脏

原材料 三文鱼300克，章红鱼、金枪鱼各200克，北极贝、蟹黄各100克，小龙虾1只，鲜鲍300克，香叶、香果各适量

调味料 生抽、花椒、八角各适量

做法

1. 三文鱼、章红鱼洗净去鳞、骨、切段，冻24小时，取出切片；金枪鱼解冻切块。

2. 北极贝洗净冻24小时；小龙虾处理干净取肉冻30分钟，取出切片。

3. 鲜鲍入锅，加入调味料煲熟，取出冻12小时，所有材料摆放在刺身盘上。

什锦海鲜刺身拼盘
补血益气

原材料 金枪鱼、三文鱼、鱿鱼、元贝、章红鱼、章鱼、甜虾、白萝卜丝、黄瓜片、紫苏叶、三文鱼子、柠檬片、碎冰各适量

调味料 芥末10克，酱油15毫升

做法

1. 金枪鱼、三文鱼、鱿鱼、元贝、章红鱼、章鱼洗净，切小片；甜虾洗净。

2. 盘中放碎冰、白萝卜丝，垫上紫苏叶，放上金枪鱼、鱿鱼、元贝、章红鱼、章鱼、甜虾、黄瓜，挤上三文鱼子，再放上三文鱼片、柠檬片；取芥末和酱油调成味汁，蘸食。

刺身拼盘
健脾暖胃

原材料 北极贝70克，赤贝50克，三文鱼90克，虾40克，黄瓜片、冰块各适量

调味料 酱油、芥末各适量

做法

1. 冰块打碎入盘；北极贝、赤贝、虾、三文鱼均洗净，放入冰水中冰镇1天后，取出备用。

2. 北极贝、赤贝均解冻，切片，摆入冰盘中；虾洗净，入冰盘；三文鱼洗净，切片，入冰盘；再摆上黄瓜片。

3. 将酱油、芥末调匀成味汁，食用时蘸味汁即可。

风味刺身拼盘
补虚健脾

原材料 虾50克，三文鱼150克，北极贝80克，蒜末、柠檬各适量

调味料 酱油、芥末各适量

做法

1. 虾洗净；三文鱼洗净，切片；北极贝解冻，切片；柠檬洗净，切片。

2. 将三文鱼片、虾、柠檬片摆入盘中，将北极贝围在柠檬片旁。

3. 将酱油、芥末、蒜末调匀成味汁，食用时蘸味汁即可。

虾

三文鱼

芥末北极贝刺身

滋阴平阳

原材料 北极贝200克，紫苏叶2片，白萝卜5克，姜末、冰块各适量

调味料 酱油、芥末各适量

白萝卜

姜

做法

1. 北极贝解冻，切片；紫苏叶洗净，擦干水分；白萝卜去皮，洗净，切丝。

2. 将冰块打碎，撒上白萝卜丝，铺上紫苏叶，再摆上北极贝。

3. 将调味料和姜末混合成味汁，食用时蘸味汁即可。

> 白萝卜去苦妙法：可根据需要将白萝卜切好，按500克白萝卜加3克小苏打的比例一起烹调，白萝卜的苦涩味即可除去。

三文鱼黄瓜刺身

健脑益智

原材料 三文鱼80克，白萝卜50克，黄瓜15克，柠檬、紫苏叶、碎冰各适量

调味料 芥末10克，酱油15毫升

做法

1. 三文鱼洗净，放入冰水中浸泡10分钟，切小片；白萝卜洗净，去皮，切丝；黄瓜、柠檬洗净，切片。

2. 盘中放上碎冰、白萝卜丝，摆上紫苏叶，放上三文鱼片，用柠檬片、黄瓜片做装饰。

3. 取芥末和酱油调成味汁，食用时蘸味汁即可。

三文鱼

白萝卜

固定海鲜蛋白质的技巧：固定海鲜蛋白质有三种方法：一是用热量固定；二是在盐水中腌海鲜；三是把醋涂在烧烤用的铁架子上，用酸固定。

芥末海胆刺身
防癌抗癌

原材料 海胆120克，白萝卜30克，黄瓜10克，冰块适量

调味料 芥末10克，酱油10毫升

做法

1. 取出海胆，放入冰水中浸泡10分钟；白萝卜洗净，切成丝；黄瓜洗净，切成片。
2. 将冰块打碎，放在盘中，摆上白萝卜丝，放上木架，摆上海胆，再用黄瓜作盘饰即可。
3. 取芥末和酱油调成味汁，食用时蘸味汁即可。

三文鱼腩刺身
增进食欲

原材料 三文鱼腩500克，柠檬、圣女果、黄瓜、冰块各适量

调味料 芥末、酱油各适量

做法

1. 将三文鱼腩洗净剥去皮，拆去骨后，切成厚薄均匀的片。
2. 柠檬洗净切片；圣女果洗净对切；黄瓜洗净切片。
3. 将冰块打碎放入盆中，摆上三文鱼片、柠檬片、圣女果、黄瓜片。
4. 将酱油与芥末调成味汁后，与装有三文鱼片的冰盆一同上桌，供蘸食。

紫苏三文鱼刺身

增强脑力

原材料 三文鱼400克，紫苏叶2片，白
萝卜15克，姜、冰块各适量

调味料 酱油、芥末各适量

三文鱼　　　白萝卜

做法

1. 三文鱼洗净，取肉切片；紫苏叶洗
   净，擦干水分；白萝卜去皮，洗净，
   切成细丝。

2. 将冰块打碎，撒上白萝卜丝，铺上紫
   苏叶，再摆上三文鱼片。

3. 调味料与姜混合成味汁，蘸食即可。

> **去除鱼腥味的技巧：** 在烹饪前，将鱼
> 放在食醋里浸泡几分钟，沥干以后再
> 处理。这样不但能去除鱼腥味，而且
> 还会使鱼肉更加脆、嫩。

元贝刺身

降低血压

原材料 元贝60克，白萝卜30克，紫苏叶、柠檬、碎冰各适量

调味料 芥末10克，酱油10毫升

做法

1. 元贝取肉，撕去肠肚，切片，放入冰水中浸泡10分钟；紫苏叶洗净；白萝卜洗净，切丝；柠檬洗净，切片。

2. 盘中放入碎冰、白萝卜丝，摆上紫苏叶，把元贝肉和柠檬片交叉摆放好。

3. 取芥末和酱油调匀成味汁，蘸食。

柠檬北极贝刺身

养胃健脾

原材料 北极贝130克，柠檬角1个，白萝卜丝、黄瓜丝、冰块各适量

调味料 芥末、豉油各适量

做法

1. 冰块打碎，装盘备用。

2. 北极贝洗净切片，白萝卜丝、黄瓜丝摆在冰上，放上北极贝片。

3. 放入柠檬角，稍加装饰即可。

4. 取芥末和豉油调成味汁，蘸食即可。

柠檬　　　　白萝卜

赤贝刺身
降低血脂

原材料 赤贝250克，黄瓜片40克，冰块适量

调味料 酱油、芥末各适量

做法

1. 冰块打碎放入盘中；赤贝洗净，放入冰块中冰镇1天备用。
2. 赤贝解冻后，摆在冰盘上，以黄瓜片围边。
3. 将调味料调匀，供蘸食。

黄瓜

酱油

鲷鱼刺身
补胃养脾

原材料 鲷鱼150克，蒜末、苡汁汤、胡萝卜片各适量

调味料 鱼生酱油、醋、芥末各适量

做法

1. 将鲷鱼洗净，切成片，放入冰水中冰镇1天后，取出；胡萝卜洗净切花片。
2. 将鲷鱼解冻，摆入盘中，再饰以胡萝卜片。
3. 将鱼生酱油、醋、蒜末、苡汁汤调匀成味汁，食用时蘸味汁及芥末即可。

鲷鱼

蒜

柠檬希鲮鱼刺身

益气养血

原材料 希鲮鱼140克，柠檬角1个，海
草、黄瓜丝、萝卜丝、冰块各适量

调味料 芥末、豉油各适量

柠檬　　黄瓜

做法

1. 冰块打碎装盘备用。

2. 希鲮鱼取肉洗净切片，海草、黄瓜
   丝、萝卜丝放在冰上垫底，放上希鲮
   鱼片。

3. 放上柠檬角，加以装饰。

4. 取芥末、豉油调成味汁，蘸食即可。

> **增加萝卜料理美味的技巧：** 煮白萝卜
> 时放入几条秋刀鱼，即使没有别的原
> 料，也会增加美味。如果想做出辣辣
> 的味道，就将青辣椒切成丝放进去。

大八爪鱼刺身

调节血压

原材料 大八爪鱼140克，柠檬角1个，柠檬片、海草、胡萝卜条、黄瓜丝、冰块各适量

调味料 芥末、豉油各适量

柠檬　　　　胡萝卜

做法

1. 冰块打碎，装盘备用。

2. 大八爪鱼洗净切片，海草、黄瓜丝、柠檬角放在冰上垫底，放上大八爪鱼、柠檬片、胡萝卜条。

3. 调入芥末和豉油即可。

洗鱼的技巧： 将鱼放入 80℃的水中烫后立即浸入冷水，再用刷子或布擦洗一下，能很快去掉鱼鳞。如果鱼比较脏，可用淘米水擦洗，洗净鱼的同时，手也不会太腥。

金枪鱼背刺身

减肥美容

原材料 金枪鱼背140克，柠檬角1个，海草、黄瓜丝、萝卜丝、冰块各适量

调味料 芥末、豉油各适量

做法

1. 金枪鱼背洗净，切片。
2. 将冰块打碎装盘，用海草、黄瓜丝、萝卜丝垫底，然后摆上金枪鱼背、柠檬角。
3. 调入芥末和豉油即可。

柠檬

黄瓜

半生金枪鱼刺身

保护肝脏

原材料 金枪鱼肉150克，黄瓜丝50克，萝卜丝50克，青紫苏叶1片，葱丝10克，柠檬片、冰块各适量

调味料 味椒盐2克，黑椒粉1克，芥末、豉油、酸汁、油各适量

做法

1. 将金枪鱼肉撒上味椒盐、黑椒粉腌渍入味。
2. 锅中放油烧热，放入腌好的金枪鱼肉煎熟表面，入冰柜冷冻。
3. 冰块打碎装盘，摆入青紫苏叶、柠檬片、黄瓜丝、萝卜丝、葱丝，再摆入金枪鱼肉，调入芥末、豉油、酸汁即可。

白豚肉刺身

强健身体

原材料 白豚肉140克，柠檬角1个，海草、黄瓜丝、萝卜丝、冰块各适量

调味料 芥末、豉油各适量

做法

1. 将冰块打碎后装盘，再摆上海草、柠檬角。

2. 白豚肉洗净切片，黄瓜丝、萝卜丝摆在冰上垫底，再放上白豚肉片。

3. 调入芥末、豉油，再稍加装饰。

柠檬　　　黄瓜

营养功效： 白豚肉含有蛋白质、脂肪、维生素 A、维生素 B_1 和钙、磷、铁等，常食具有补脾利湿、利尿消肿、强筋壮骨的功效。

剑鱼腩刺身

增强免疫力

原材料 剑鱼腩150克，柠檬角1个，白萝卜丝、黄瓜丝各50克，冰块适量

调味料 芥末、豉油各适量

做法

1. 冰块打碎，装盘备用。

2. 剑鱼腩抽出鱼筋，洗净切片。

3. 先将白萝卜丝、黄瓜丝、柠檬角摆入冰盘中，再摆上鱼肉，调入芥末、豉油即可。

柠檬

白萝卜

盐水巧除鱼的泥腥味： 把活鱼放入浓度为10%的盐水中养1~2天，即可去除泥腥味；如果是死鱼，可将鱼洗净后用盐腌1~2小时。

北极贝刺身

养胃健脾

原材料 北极贝500克，柠檬角、黄瓜片、圣女果、芥蓝各适量

调味料 酱油、芥末各适量

北极贝　　柠檬

做法

1. 将原装北极贝拆除包装，待其解冻后，切成薄片。

2. 将冰盆装饰好，摆入北极贝肉；摆入柠檬角、黄瓜片、圣女果、芥蓝装饰；味碟置冰盆旁，调入酱油、芥末，拌匀调成汁，供蘸用。

营养功效： 北极贝具有色泽明亮、味道鲜美、肉质爽脆等特点，且含有丰富的蛋白质和不饱和脂肪酸，是海鲜中的极品。它对人体有着良好的保健功效，有滋阴平阳、养胃健脾等作用，是上等的食品和药材。

鲛鱼活作
增强免疫力

原材料 鲛鱼1条，柠檬角2个，青紫苏叶3片，萝卜丝、黄瓜丝、柠檬片、海草各20克，冰块适量

调味料 芥末、豉油各适量

做法

1. 将冰块打碎，放入盘中制成冰盘。
2. 将鲛鱼放血，去骨去皮，鱼骨摆入冰盘，铺上萝卜丝、黄瓜丝、柠檬片、海草、青紫苏叶。
3. 鱼肉吸干水分，切成小薄片，摆放在盘中，放入柠檬装饰。
4. 调入芥末和豉油即可。

龙虾刺身
补肾壮阳

原材料 龙虾2只，柠檬角、黄瓜片、海草、圣女果各适量

调味料 酱油、芥末各适量

做法

1. 将龙虾宰杀洗净，挖出虾肉；海草、圣女果洗净备用。
2. 将虾肉切成片状后，摆入装饰好的冰盆中，摆上柠檬角、黄瓜片、海草和圣女果装饰。
3. 取一味碟，调入酱油、芥末拌匀，放置冰盆旁边，蘸食即可。

希鲮鱼刺身

强筋健骨

原材料 希鲮鱼500克，黄瓜片、柠檬角、海草、朝天椒各适量

调味料 酱油50毫升，芥末30克

黄瓜

柠檬

做法

1. 将希鲮鱼解冻，切成片。

2. 将希鲮鱼片摆入冰盆中，再放入柠檬角、黄瓜片、海草、朝天椒。

3. 取一味碟，倒入酱油，调入芥末，拌匀成调味汁，蘸食即可。

巧用大酱做海鲜：腥味大的海鲜，放入大酱不仅可以去除腥味，还可以增加美味。但需要注意的是，放入的大酱分量必须很少，以感受不到大酱的味道为宜。

剑鱼腩黄瓜刺身

增强免疫力

[原材料] 剑鱼腩150克，萝卜丝、黄瓜片各50克，柠檬角1个，圣女果、冰块各适量

[调味料] 芥末、豉油各适量

做法

1. 冰块打碎，装盘备用；剑鱼腩抽出筋，洗净切片；圣女果洗净备用。

2. 将萝卜丝、圣女果、黄瓜片、柠檬角摆入冰盘中，再摆上剑鱼腩片，调入芥末、豉油即可。

黄瓜

柠檬

营养功效：剑鱼营养价值很高，含有丰富的蛋白质、维生素 D 和钙、镁等营养成分，常食用剑鱼具有强身健体、健脑益智等功效。

龙虾柠檬刺身

益气壮阳

原材料 龙虾1只，青柠檬1个，冰块适量

调味料 芥末30克，豉油50毫升

做法

1. 龙虾头去掉，把龙虾的壳用剪刀剪开，取出虾肉；青柠檬洗净切块。
2. 冰块打碎铺在刺身用的龙虾船上。
3. 虾肉改刀切成薄片铺在碎冰上，把龙虾头和虾壳，放在龙虾船上，放上柠檬块、芥末和豉油即可。

龙虾

青柠檬

九节虾刺身

通乳抗毒

原材料 九节虾500克，黄瓜片、冰块各适量

调味料 芥末5克，酱油15毫升

做法

1. 九节虾去头、剥壳后，在虾背上割一刀抽出虾线，但不用割穿。
2. 把冰块打碎，放在刺身盘上，再将去壳的虾整齐地放在冰上，然后摆上黄瓜片。
3. 配摆上芥末、酱油即可。

九节虾

酱油

基围虾刺身

养血固精

原材料 基围虾500克，紫苏叶2片，海草、冰块各适量

调味料 酱油、芥末各适量

做法

1. 冰块打碎，放入盘中制成冰盘。

2. 基围虾去头、壳，从中间剖开去掉虾线，洗净。

3. 紫苏叶放冰盘上，将基围虾排列整齐放在上面，放上海草，稍加装饰。

4. 调入芥末、酱油即可。

基围虾

酱油

> **处理虾的技巧：** 用刀处理虾肚部位，用手按一下虾的上部，虾看起来就会变大1~2厘米，使弯曲的背伸直就可以形成完美的线条。

冻花螺
增进食欲

原材料 花螺100克，柠檬片、冰块各适量，红辣椒1个，海草10克

调味料 姜汁10毫升，酒5毫升，酱油、芥末、盐水各适量

做法

1. 将花螺放在盐水盆中，浸泡4小时，洗净泥沙后，取出备用。
2. 将姜汁、盐水、酒入锅，放入花螺大火煮熟。
3. 将螺肉上的黑色小片清理干净，再倒入准备好的冰块中，冰冻后摆在冰盘中，用海草、柠檬片、红辣椒装饰，调入芥末、酱油即可。

> **营养功效：** 柠檬含有丰富的柠檬酸，果实汁多肉嫩，有浓郁的芳香气味，具有生津止渴、清热解暑、化痰止咳、和胃降逆等功效。

108

味啉浸响螺

开胃消食

原材料 响螺600克，柠檬角1个

调味料 酱油20毫升，芥末15克，味啉5毫升，姜汁10毫升，酒、盐水各适量

做法

1. 将响螺的泥沙清洗干净；盐水、姜汁、酒入锅，放入响螺煮熟。

2. 取出响螺，去掉螺肉上的小片，沥干水，摆入用柠檬装饰好的冰盆中，淋上味啉，调入芥末、酱油即可。

姜

盐

海胆刺身

防癌抗癌

原材料 海胆1只，柠檬角1个，海草10克，冰块适量

调味料 芥末、豉油各适量

做法

1. 冰块打碎，制成冰盘。

2. 打开海胆，去净内脏，洗净，用冰水浸冻。

3. 将海胆沥干水分，同海草、柠檬角一起摆入冰盘，调入芥末、豉油，再加以装饰即可。

花螺刺身
解毒祛风

原材料 花螺80克，芥蓝、海草、冰块各适量

调味料 姜汁10毫升，酒、酱油、盐水、芥末各适量

做法

1. 花螺处理干净，备用；芥蓝去老皮，洗净切段，焯水后捞出，备用。
2. 将姜汁、盐水、酒入锅，放入花螺大火煮熟。
3. 捞出螺肉，去掉其黑色部分，置于冰块中冰冻，取出摆于冰盘上，摆上芥蓝和海草，将芥末、酱油调匀，搭配食用即可。

象拔蚌刺身
降压降脂

原材料 象拔蚌1只，黄瓜片、胡萝卜片、碎冰各适量

调味料 芥末30克，豉油50毫升

做法

1. 将象拔蚌用60℃的温水烫过，然后剥壳，脱去皮衣，在中间位置剖开，用刷子把中间的污垢刷干净。
2. 将洗好的蚌肉切成0.1厘米的薄片，碎冰放入盆内。
3. 将切好的蚌肉铺在碎冰上，调入芥末和豉油即可。
4. 将黄瓜片和胡萝卜片围在冰盆边上装饰即可。

多宝鱼活作

补肾健脑

原材料 多宝鱼1条，柠檬角2个，青紫苏叶5片，萝卜丝、黄瓜丝、海草各20克，西红柿1个，冰块适量

调味料 芥末、豉油各适量

做法

1. 冰块打碎，装入盘中；西红柿洗净，表皮撕开。

2. 多宝鱼宰杀放血，去骨、皮，鱼肉、萝卜丝、黄瓜丝、柠檬角、海草、西红柿、青紫苏叶摆在碎冰块上。

3. 鱼肉吸干水分，切片，摆在冰盘内，调入芥末、豉油即可。

柠檬　　　　黄瓜

营养功效： 多宝鱼学名大菱鲆，是一种优质水产品，肌肉丰厚白嫩，胶质蛋白含量高，具有很好的滋润皮肤和美容作用，且能补肾健脑，经常食用可以滋补健身、提高人体免疫力。

章红鱼活作

平降肝阳

原材料 章红鱼1条，柠檬角2个，青紫苏叶5片，黄瓜丝、白萝卜丝、柠檬片、海草各20克，西红柿1个，冰块适量

调味料 芥末、豉油各适量

做法

1. 冰块打碎，装入盘中；西红柿洗净，表皮撕开。

2. 章红鱼宰杀放血，去骨、皮，将鱼肉、白萝卜丝、黄瓜丝、柠檬片、海草、青紫苏叶铺在冰上。

3. 鱼肉吸干水分，切成薄片，摆在准备好的冰盘内，再放上柠檬角和西红柿，调入芥末、豉油即可。

黄瓜　　　　白萝卜

营养功效： 章红鱼含有维生素 B_2、维生素 B_{12}、叶酸等，有滋补健胃、利水消肿、清热解毒的功效，对各种水肿、腹胀、乳汁不通皆有效。

鲍鱼刺身拼盘

强筋健骨

原材料 味啉鲍鱼1个，希鲮鱼片、北极贝肉片、三文鱼片、黄瓜片、芥蓝、柠檬片、圣女果各适量

调味料 芥末20克，酱油60毫升

做法

1. 将味啉鲍鱼切成片，和希鲮鱼片、北极贝肉片、三文鱼片一同摆入盘中。

2. 将冰盘装饰好，放入黄瓜片、芥蓝、圣女果、柠檬片。

3. 将芥末和酱油调成味汁，和拼盘一同上桌，供蘸食。

汉和芥蓝刺身拼盘

益气壮阳

原材料 虾100克，三文鱼100克，金枪鱼100克，北极贝100克，花螺100克，芥蓝100克，八爪鱼100克，希鲮鱼100克，黄瓜、圣女果、柠檬各适量

调味料 芥末、酱油各适量

做法

1. 芥蓝择洗净，过沸水后，放入冰水中浸泡10分钟，取出摆入冰盘中。

2. 将花螺清洗净摆盘，将其他原材料除圣女果外皆切片后，摆入盘中；圣女果洗净装盘。

3. 取芥末和酱油混合，调匀成味汁，供蘸食即可。

三文鱼活作

降低血脂

原材料 三文鱼1条，柠檬角2个，青紫苏叶5片，白萝卜丝、黄瓜丝、柠檬片、海草各20克，西红柿1个，冰块适量

调味料 芥末、豉油各适量

做法

1. 冰块打碎，装入盘中；西红柿洗净，表皮撕掉。

2. 三文鱼宰杀放血，去骨、皮，白萝卜丝、黄瓜丝、柠檬片、海草、青紫苏叶铺在冰上。

3. 鱼肉吸干水分，切成薄片，摆在准备好的冰盘内，再放上西红柿和柠檬角，调入芥末和豉油即可食用。

三文鱼　　白萝卜

营养功效： 三文鱼所含蛋白质和脂肪含量比鲤鱼分别高出 13.35% 和 41.76%。特别是维生素 A、维生素 D、维生素 B_{12} 含量都很高。

锦绣刺身拼盘

益气养血

原材料 三文鱼50克，八爪鱼50克，金枪鱼50克，希鲮鱼50克，北极贝50克，柠檬角2个，海草20克，萝卜丝、黄瓜丝各少许，青紫苏叶2片，冰块适量

调味料 芥末、豉油各适量

做法

1. 将冰块打碎入盘中；柠檬角切成片。
2. 将所有鱼、贝洗净，去骨取肉后切成片状。
3. 海草、黄瓜丝、萝卜丝、青紫苏叶放在冰上垫底，放上各种鱼片、贝肉，再加入柠檬片、芥末、豉油，稍加装饰即可。

汉和刺身拼盘

保护肝脏

原材料 金枪鱼背50克，白豚肉50克，三文鱼50克，八爪鱼50克，甜虾3只，希鲮鱼50克，蚧子50克，柠檬2个，海草50克，萝卜丝、黄瓜丝、冰块各适量，青紫苏叶3片

调味料 芥末、豉油各适量

做法

1. 将冰块打碎入盘中；柠檬洗净切片。
2. 将各种鱼、贝洗净取肉，切成片状。
3. 海草、萝卜丝、黄瓜丝、青紫苏叶放在冰上垫底，放上备好的鱼片、贝肉，放入柠檬片、芥末、豉油，再加以装饰即可。

牛肉冷豆腐

益气补虚

[原材料] 豆腐1块，牛肉80克，淀粉、葱各适量

[调味料] 盐、料酒、油、酱油各适量

做法

1. 豆腐洗净，放入冰水中浸泡10分钟后，捞出沥干水分，盛入盘中；葱洗净，切丝。

2. 牛肉洗净，切块，加盐、料酒、淀粉腌渍。

3. 油锅烧热，入牛肉炒熟，调入酱油炒至上色，入适量水煮至汤汁浓稠，淋在豆腐上，撒上葱丝即可。

和风刺身锦绣

美容减肥

[原材料] 三文鱼80克，北极贝、虾、金枪鱼各50克，黄瓜片、蒜末、柠檬片、冰块各适量

[调味料] 酱油、芥末各适量

做法

1. 将三文鱼、北极贝、虾、金枪鱼均处理干净，放入冰块中冰镇1天备用。

2. 三文鱼切片；北极贝解冻，切片；金枪鱼解冻，切块。

3. 冰块打碎，将三文鱼、北极贝、虾、金枪鱼摆入盘中，饰以柠檬片、黄瓜片；将酱油、芥末、蒜末调匀成味汁，食用时蘸味汁即可。

大虾天妇罗

养血固精

原材料 大虾100克，天妇罗粉、面包糠
各适量

调味料 油适量

做法

1. 天妇罗粉加清水调匀成面糊；大虾去
   肠、洗净，用天妇罗糊上浆，再裹上
   一层面包糠。

2. 油锅烧热，下入裹好的大虾炸至金黄
   色至熟即可。

大虾

油

营养功效： 虾营养丰富，而且其肉质
松软，容易消化。虾含有丰富的镁元
素，镁对心脏活动具有重要的调节作
用，能很好地保护心血管系统，防止
动脉硬化，同时还能扩张冠状动脉，
有利于预防高血压及心肌梗死。

117

麻油莲藕
清热生津

|原材料| 莲藕600克，素味粉8克

|调味料| 白糖20克，老抽30毫升，生抽
25毫升，料酒15毫升，麻油适量

莲藕　　　　　白糖

做法

1. 莲藕洗净，刮去外皮。

2. 将素味粉和麻油除外的调味料加水调
   匀，入锅煮开，放入莲藕烧开，改小
   火慢煮片刻。

3. 捞出莲藕，待凉后切片，加麻油拌匀
   即可。

挑选莲藕的技巧：质量好的莲藕，其
特征是：外皮呈淡茶色，没有伤痕，
两端的节很细，藕身圆而笔直，用手
轻敲声音厚实。假如藕身发黑，表示
不新鲜，尽量不要购买。

三文鱼冷豆腐

增强记忆力

原材料 三文鱼80克，豆腐100克，西红柿丁20克，紫菜丝10克，姜末、熟芝麻各适量

调味料 盐、酱油各适量

做法

1. 豆腐放入冰水中浸泡10分钟后，捞出盛入盘中。
2. 三文鱼切片，置于豆腐上，再放上西红柿丁和紫菜丝。
3. 将盐、酱油、姜末、熟芝麻调成味汁，淋在三文鱼豆腐上即可。

蛋白蚝仔

补虚强身

原材料 鸡蛋3个，蚝仔200克，葱、红椒各适量

调味料 盐、油各适量

做法

1. 红椒用水洗净，切成圈；葱洗净，切成葱花。
2. 鸡蛋取蛋清，加盐拌匀，入锅煎成蛋饼，置于盘中。
3. 蚝仔洗净，入油锅炒熟后盛于蛋饼上，撒上葱花、红椒圈即可。

鸡蛋

葱

糖醋姜片
化痰止咳

原材料 嫩姜100克

调味料 盐5克，醋50毫升，红砂糖25克

做法

1. 将醋、红砂糖、盐加入水中煮热至红砂糖融化，调匀成甘醋汁，放凉以后备用。

2. 将嫩姜洗净、切片，放入冷水中浸泡约3小时以去除苦涩味，然后包入纱布拧干水分；再将姜片放入甘醋汁中浸泡1小时以上即可。

姜

盐

营养功效： 姜含有姜辣素、姜烯酮等多种挥发性物质，能促进血液循环，使全身温热。

培根炒芦笋

增进食欲

原材料 培根100克，芦笋150克

调味料 盐2克，酱油8毫升，油适量

做法

1. 芦笋洗净，削去老皮，切成段，入开水锅中焯水后捞出；培根用水洗净，切成条。

2. 油锅烧热，放入培根翻炒至透明，放焯好的芦笋继续翻炒几下，调入盐、酱油炒匀即可。

芦笋　　　　盐

营养功效：经常食用芦笋对心血管疾病、肾炎、胆结石均有食疗作用。夏季食用芦笋有清凉降火、消暑止渴的作用。

烧五花肉
滋阴润燥

原材料 五花肉250克，白萝卜、海带结、干瓢各20克，红泡椒适量

调味料 盐3克，味啉20毫升，酱汁、酱油各20毫升，姜汁适量

做法

1. 五花肉洗净切块，放盐、酱油腌渍15分钟。

2. 白萝卜洗净，去皮，切成小块；红泡椒、海带结、干瓢用清水洗净。

3. 煮锅置于火上，放入清水烧开，放入盐、味啉、姜汁、酱汁、酱油、白萝卜块、海带结、干瓢煮10分钟，待香气浓郁时，放入五花肉块，盖上锅盖，大火煮15分钟，待五花肉块熟透，捞出，放上红泡椒即可。

巧用姜汁炖肉：不论是煮猪肉还是做烤肉、炖排骨等，都需要放入捣碎的生姜或姜汁除去膻味，姜的香味渗入猪肉中，味道也十分好。

紫甘蓝鸡蛋肉饼

补养肝气

原材料 面粉200克，鸡蛋2个，紫甘蓝、猪肉、虾、玉米粒、胡萝卜、海苔粉、柴鱼花各适量

调味料 盐、沙拉酱、油各适量

做法

1. 鸡蛋打散；紫甘蓝洗净切丝；猪肉洗净剁成肉泥；虾洗净，取虾仁；胡萝卜洗净，切丝。
2. 面粉加水调匀，入蛋液和柴鱼花除外的其他原材料、盐，将面糊打匀。
3. 油锅烧热，放入面糊团煎至两面金黄，起锅入盘，将沙拉酱、柴鱼花依序铺于其上即可。

黄瓜蘸酱

健脑安神

原材料 黄瓜600克

调味料 陈醋、辣椒酱、麻油、盐、味精各适量

做法

1. 黄瓜用水洗净，切段，再对切成两半，摆盘。
2. 将陈醋、辣椒酱、麻油、盐、味精调匀成味汁。
3. 用黄瓜蘸味汁食用即可。

黄瓜　　　　　盐

铁板烧牛柳

强壮筋骨

原材料 牛柳200克，胡萝卜、玉米粒、豌豆各50克，淀粉适量

调味料 盐、胡椒粉各3克，酱油、辣椒油、料酒各8毫升，麻油、油各适量

做法

1. 牛柳洗净，切片，加盐、胡椒粉、淀粉、料酒腌渍，过油沥干。

2. 胡萝卜洗净，切细丁；玉米粒、豌豆均洗净。

3. 铁板上炉烧热，入油，下入玉米粒、豌豆、胡萝卜丁炒香，再放入牛柳，调入酱油、辣椒油炒匀，最后淋入麻油即可。

牛肉

胡萝卜

营养功效：牛肉是高蛋白质、低脂肪的优质肉类食物。

四季豆炒肉末

补虚强身

原材料 猪肉100克，四季豆150克，洋葱、红椒各50克

调味料 盐、味精、油、辣椒酱各适量

做法

1. 四季豆洗净，切段，入沸水锅中焯熟后摆盘；猪肉洗净，切末；洋葱、红椒均洗净，切丝。

2. 起锅放油，烧热，放入切好的洋葱丝、红椒丝炒香，然后再加入肉末翻炒均匀，至熟。

3. 调入盐、味精、辣椒酱炒匀，起锅倒于四季豆上即可。

猪肉　　　　四季豆

炒肉不产生水分的技巧：如果放入过量的肉，传递的热量受限就会产生水分，这与在低温下炒肉的效果相似。肉太多的话，可以分几次来炒。

125

铁板肉末豆腐

丰肌泽肤

原材料 猪肉50克，豆腐100克，红椒、葱各适量

调味料 盐3克，料酒、酱油各8毫升，麻油5毫升，油适量

做法

1. 猪肉洗净，切末，加盐、料酒、酱油腌渍；豆腐洗净，切块；红椒洗净，切碎；葱洗净，切葱花。

2. 油锅烧热，入豆腐炸至金黄色，起锅转入烧热的铁板上。

3. 热油锅，入肉末、红椒碎同炒，撒上葱花，淋入麻油炒匀，起锅倒豆腐上即可。

营养功效：豆腐中的大豆蛋白可以显著降低血浆胆固醇、甘油三酯和低密度脂蛋白，所以大豆蛋白恰到好处地起到了降低血脂、保护血管细胞的作用，有助于预防心血管疾病。

苦瓜炒牛肉

补脾益气

原材料 牛肉100克，苦瓜150克，红椒30克，葱段适量

调味料 盐3克，麻油5毫升，料酒、酱油各15毫升，油适量

做法

1. 牛肉、红椒分别洗净，切片，牛肉加料酒、酱油腌渍；苦瓜洗净，切片。

2. 油锅烧热，放入苦瓜稍炒，再放入牛肉片、红椒片翻炒至熟，放入葱段稍拌。

3. 调入盐炒匀，淋入麻油即可。

洋葱炒鹅肝

补肝明目

原材料 鹅肝150克，红椒、葱各10克，水淀粉、洋葱各适量

调味料 酱油8毫升，麻油5毫升，油、盐各适量

做法

1. 鹅肝洗净，切块，粘裹上水淀粉；洋葱、红椒洗净，切片；葱洗净，切段。

2. 油锅烧热，放入鹅肝块煎至金黄色，再放入洋葱片、红椒片以及葱段一起翻炒。

3. 调入盐、酱油炒匀，淋入麻油即可。

白菜梗炒牛心
健脑明目

原材料 牛心300克，白菜梗适量

调味料 盐、黑胡椒粉各3克，料酒、酱油各10毫升，油适量

做法

1. 牛心洗净，切片，用料酒腌渍；白菜梗洗净，切条。

2. 油锅烧热，放入牛心炒熟，再放入白菜梗稍炒；调入盐、酱油、黑胡椒粉炒匀即可。

白菜

盐

烧汁牛仔骨
补血养血

原材料 牛仔骨、蒜各适量

调味料 盐、黑胡椒碎、油、烧汁各适量

做法

1. 牛仔骨洗净，沥干水分，用黑胡椒碎、盐拌匀备用；蒜去皮，洗净，切成片。

2. 平底锅加油烧热，下入牛仔骨、蒜片，以小火煎至两面金黄色至熟；待熟，盛盘后，淋入烧汁即可。

牛仔骨

蒜

香蒜煎猪扒
强身健体

原材料 猪扒、蒜各适量，淀粉2克

调味料 盐、胡椒碎各2克，生抽5毫升，鸡精3克，油适量

做法

1. 猪扒加入淀粉和所有调味料抹匀，腌渍15分钟；蒜洗净，切成片。

2. 平底锅加油烧热，下入猪扒煎至金黄色后，加入蒜片。

3. 猪扒翻面，煎至猪扒、蒜两面都变成金黄色后，出锅即可。

蒜

盐

营养功效：近年来，由于人们的膳食结构不够合理，人体对硒的摄入量减少，使得胰岛素合成下降，而蒜中硒含量较多，能对人体胰岛素的合成起到一定的作用。所以，糖尿病患者多食蒜有助于减轻病情。

咖喱牛柳

健脾养胃

原材料 牛柳300克，咖喱酱30克，白芝麻10克，蒜末、姜片各15克

调味料 盐、黑胡椒粉、味精各3克，油适量

做法

1. 牛柳洗净，切块，放入开水中，加姜片，汆烫10分钟，捞出沥干水分。

2. 油锅烧热，放入蒜末、白芝麻炒香，放入咖喱酱拌匀，再放入牛柳块翻炒，加入适量开水，以中火焖煮。

3. 调入盐、黑胡椒粉、味精，焖至汤汁浓稠即可。

白芝麻

蒜

营养功效： 咖喱能促进唾液和胃液的分泌，促进胃肠蠕动，增进食欲。

蒜爆牛肉
益气养血

原材料 牛肉300克，蒜20克，葱丝10克

调味料 盐、黑胡椒粉各3克，酱油、料酒各8毫升，油适量

做法

1. 牛肉洗净，切块，加盐、料酒、酱油腌渍；蒜去皮洗净，切片。

2. 油锅烧热，放入蒜炸至酥脆捞出。

3. 热油锅，放入牛肉炒熟，调入黑胡椒粉，放入蒜片稍炒后装盘，放上葱丝即可。

生煎牛柳配芦笋
增强免疫力

原材料 牛柳250克，芦笋50克，红樱桃2个，葱丝8克，蒜片适量

调味料 盐、黑胡椒粉各3克，料酒、酱油各8毫升，油适量

做法

1. 牛柳洗净，切块，加盐、黑胡椒粉、料酒、酱油腌渍；芦笋洗净，切段，入沸水锅中焯水后摆入盘中。

2. 油锅烧热，下入牛柳块煎至两面金黄色，起锅摆入有芦笋的盘中。

3. 热油锅，入蒜片炸熟，倒干牛柳上，放上葱丝，摆入红樱桃即可。

黑椒牛舌

清肝明目

原材料 牛舌300克，葱10克

调味料 盐、黑胡椒碎各3克，料酒、酱油各10毫升，油适量

做法

1. 牛舌洗净，切片，加盐、料酒腌渍；葱洗净，切丝。

2. 油锅烧热，下入牛舌爆炒至熟，调入黑胡椒碎、酱油炒匀调味，再撒上葱丝即可。

以黑胡椒入菜肴的技巧：黑胡椒香中带辣，祛腥提味，多用于烹制动物内脏、海鲜类菜肴。黑胡椒入菜应注意以下两点：一是与肉食同煮的时间不宜太长，因黑胡椒含胡椒辣碱、胡椒脂碱、挥发油和脂肪油，煮太久会使辣味和香味挥发掉；二是掌握调味浓度，保持热度，使香辣味更浓郁。

青椒炒章鱼

益寿延年

原材料 章鱼300克，黑芝麻15克，青椒、洋葱各适量

调味料 盐3克，辣椒酱15克，酱油、料酒各15毫升，油适量

黑芝麻　　　青椒

做法

1. 青椒洗净，切成块；洋葱洗净，切成片；章鱼洗净。

2. 油锅烧热，入章鱼、料酒翻炒，再入洋葱片、青椒块炒至熟；调入辣椒酱、酱油、盐炒匀，撒入黑芝麻。

洋葱的食用宜忌：高血压、高脂血症等心血管病患者适宜食用洋葱。凡有皮肤瘙痒性疾病者和患有眼疾、眼部充血者忌食，肺、胃发炎者少食。生洋葱不能和蜂蜜同食。

蒜香鸡块

补肾益精

原材料 鸡肉400克，蒜30克，面粉20克，鸡蛋1个

调味料 盐、料酒、酱油、油各适量

做法

1. 鸡肉洗净，切块，加盐、料酒、酱油腌渍；蒜去皮，洗净，切成薄片。

2. 将鸡块用面粉及鸡蛋清裹均匀，下入油锅中炸至金黄色。

3. 再加入蒜片，待蒜片变黄，起锅装盘即可。

鸡肉

蒜

鸡肉的储存：鸡肉在肉类食物中是比较容易变质的，所以购买之后要马上放进冰箱里，可以在稍微迟一些的时候或第二天食用。

鱼贝刺身

增强免疫力

原材料 剑鱼腩、马肉、金枪鱼各45克，白豚肉、希鲮鱼、三文鱼、北极贝、三文鱼子、海草各50克，响螺2只，柠檬角2个，萝卜丝10克，黄瓜丝15克，青紫苏叶5片，冰块适量

调味料 芥末、豉油各适量

做法

1. 冰块打碎，装在盘中。
2. 海草、黄瓜丝、萝卜丝、青紫苏叶、柠檬角放在冰盘中垫底，各种海鲜和马肉去骨切成片状，摆入盘中。
3. 调入芥末、豉油即可。

汉和鲍

滋阴补阳

原材料 鲍鱼1只，红椒1个，柠檬角1个，海草50克，青紫苏叶3片，冰块适量

调味料 味啉汁、芥末各适量

做法

1. 将冰块打碎，放入盘中，制成冰盘。
2. 鲍鱼剖开洗净，切片。
3. 用海草、青紫苏叶垫底摆设好，放上鲍鱼片，调入味啉汁和芥末，加红椒、柠檬角及其他装饰品即可。

鲍鱼

红椒

田园天妇罗

健脾和胃

原材料 茄子、青椒、土豆各100克，干红椒、天妇罗粉各10克

调味料 盐3克，生抽10毫升，油适量

做法

1. 茄子、青椒、土豆洗净，切成大块，放盐、生抽腌渍15分钟，均匀地蘸上天妇罗粉。

2. 锅置于火上，放油烧至六成热，下干红椒炸至香气浓郁，放入茄子块、青椒块、土豆块，用大火炸至两面呈金黄色，再转小火炸至全熟，捞出，沥干油，装入盘中即可。

烧汁银鳕鱼

清热祛火

原材料 银鳕鱼350克，葱段、熟芝麻各适量

调味料 烧汁、酱油、蚝油、鸡精、盐、料酒各适量

做法

1. 银鳕鱼洗净，去掉鱼鳞，切片，用料酒、盐腌渍。

2. 锅置于火上，放入水烧开，将银鳕鱼上锅蒸熟，端出，放上葱段。

3. 另起锅，加入酱油、蚝油、鸡精、烧汁烧开，淋在银鳕鱼上，撒上熟芝麻即可。

红椒鳕鱼天妇罗

活血止痛

原材料 鳕鱼300克，红椒、洋葱各50克，鸡蛋液50毫升，天妇罗粉、萝卜泥各适量

调味料 辣椒油8毫升，料酒10毫升，盐3克，油、酱油各适量

做法

1. 鳕鱼洗净，切块，用天妇罗粉、鸡蛋液、水拌匀上浆；红椒洗净，一半切碎，一半切丝；洋葱洗净，切丝；酱油和萝卜泥调匀成味汁。

2. 锅入油烧热，下鳕鱼块炸至金黄色，盛盘。

3. 油锅再热，入红椒碎炒香，调入辣椒油、料酒、盐拌匀，淋在鳕鱼块上。

4. 红椒丝、洋葱丝一起焯水后倒在鳕鱼上，配以味汁食用即可。

> 洋葱的烹饪技巧：切洋葱时，宜顺着丝切，这样洋葱易熟。洋葱不宜用煮、焯、浸烫、挤汁等方法烹调，否则营养损失较大。

鸡肉天妇罗

益气养血

原材料 鸡肉150克，土豆块、胡萝卜块各50克，圣女果、黄瓜片各20克，熟芝麻、面包糠、鸡蛋液、天妇罗粉各适量

调味料 油、酱汁各适量

做法

1. 圣女果洗净，去皮；天妇罗粉、鸡蛋液加入清水调成浆；鸡肉洗净，切块，入调好的浆中上浆，再裹一层面包糠。

2. 油锅烧热，将裹好的鸡肉炸至金黄至熟，盛入盘中。

3. 热油锅，入土豆块、胡萝卜块炸熟，与圣女果、黄瓜片一同放入有鸡肉的盘中，淋入酱汁，撒上熟芝麻即可。

营养功效： 土豆所含粗纤维有促进胃肠蠕动和加速胆固醇在肠道内分解的功效，具有通便和降低胆固醇的作用，可以改善习惯性便秘和预防胆固醇增高。

蔬菜丝天妇罗
增强体力

原材料 青椒、红椒、胡萝卜、洋葱各50克，松鱼干汁、海米汁、天妇罗粉各适量

调味料 油、酱油、砂糖各适量

做法

1. 青椒、红椒、胡萝卜、洋葱均洗净，切丝；天妇罗粉加水调成糊，放入备好的材料挂薄糊。

2. 油锅烧热，将挂糊的材料炸至酥脆，装盘。

3. 将松鱼干汁、酱油、海米汁、砂糖调匀成味汁，食用时蘸味汁即可。

什锦天妇罗
降低血糖

原材料 南瓜、土豆各40克，鸡蛋3个，毛豆、豌豆、瘦肉各30克，天妇罗粉、葱花各适量

调味料 麻油、酱油、味精、盐、油、辣酱、料酒各适量

做法

1. 南瓜、土豆、瘦肉均洗净，切碎；毛豆、豌豆均洗净；以上材料用酱油、味精、盐、料酒腌渍30分钟。

2. 在天妇罗粉里打入鸡蛋，加麻油、葱花搅匀，放入腌渍好的材料，裹上薄薄的"外衣"，炸成金黄色即可。

3. 食用时蘸辣酱即可。

大虾黄瓜天妇罗

补肾壮阳

原材料 大虾300克，黄瓜10克，姜片、干红椒、天妇罗粉各10克，圣女果适量

调味料 盐3克，蚝油、生抽各10毫升，芝麻酱50克，油适量

做法

1. 大虾去除内脏，挑去虾线，放盐、蚝油、生抽、姜片腌渍15分钟，挑去姜片，均匀地蘸上天妇罗粉；干红椒、圣女果洗净；黄瓜洗净，切成小片。

2. 锅置于火上，放油烧至六成热，下干红椒炸至香气浓郁，放入大虾，用大火炸至两面呈金黄色，再转小火炸至全熟，捞出，装入盘中，淋上芝麻酱，饰以黄瓜片、圣女果即可。

挑选虾的技巧： 新鲜的虾头尾完整，头尾与身体紧密相连，虾身较挺，有一定的弯曲度，肉质坚实、细嫩，手触摸时感觉硬，有弹性，无异味。

青椒大虾天妇罗

开胃化痰

原材料 大虾300克，青椒、紫甘蓝各15克，姜片、干红椒、天妇罗粉各10克

调味料 盐3克，蚝油、生抽各10毫升，油适量

做法

1. 大虾洗净，放盐、蚝油、生抽、姜片腌渍15分钟，挑去姜片，均匀蘸天妇罗粉；干红椒洗净；青椒、紫甘蓝洗净，切成小片，蘸天妇罗粉。

2. 油烧至六成热，下干红椒炸香，放入大虾、青椒片、紫甘蓝片，用大火炸至两面呈金黄色，再转小火炸至全熟，捞出，沥干油，装入盘中即可。

鱿鱼天妇罗

缓解疲劳

原材料 鱿鱼150克，天妇罗粉、面包糠、圣女果各适量

调味料 油适量

做法

1. 天妇罗粉加清水调匀成面糊；圣女果洗净备用。

2. 鱿鱼洗净，切成圈，用天妇罗糊上浆，再裹上一层面包糠。

3. 油锅烧热，放入裹好的鱿鱼炸至金黄色，捞出后置于盘中，再饰以圣女果即可。

鳕鱼天妇罗

活血祛淤

原材料 鳕鱼300克，鸡蛋液50毫升，萝卜泥、天妇罗粉各适量

调味料 油、酱油各适量，盐3克

做法

1. 鳕鱼洗净，切块，加盐、酱油腌渍10分钟后，再用天妇罗粉、鸡蛋液、水拌匀上浆；将酱油和萝卜泥搅拌均匀成味汁。

2. 油锅烧热，下入鳕鱼炸至金黄色，盛盘，配以味汁食用即可。

鸡蛋

盐

选购鳕鱼的技巧： 选购鳕鱼时，首先看鳕鱼的表面，如果表面上是一层薄薄的冰，就证明是一次冻成的。如果冰厚的话，说明可能加过水或是经过二次加工了。

鳗鱼天妇罗

补虚养血

原材料 鳗鱼300克，鸡蛋液50毫升，天妇罗粉、白萝卜泥各适量

调味料 油、盐、酱油各适量

鸡蛋　　　白萝卜

做法

1. 鳗鱼洗净，切块，用天妇罗粉、鸡蛋液、水拌匀上浆；酱油、盐和白萝卜泥调匀成味汁。

2. 油锅烧热，入鳗鱼块炸至金黄色，盛盘，配以味汁食用即可。

营养功效： 鳗鱼富含多种营养成分，具有补虚养血、祛湿、抗痨等功效；鳗鱼体内含有一种很稀有的西河洛克蛋白，具有良好的强精壮肾的功效，是年轻夫妇、中老年人的保健食物。

海鲜什锦天妇罗

滋阴养胃

原材料 鱿鱼150克，大虾100克，土豆块50克，鸡蛋液50毫升，圣女果、黄瓜片各20克，天妇罗粉适量

调味料 油、酱汁各适量

做法

1. 圣女果洗净；天妇罗粉、鸡蛋液加入清水调成浆；鱿鱼、大虾均洗净，将鱿鱼切成圈，和大虾一起下入调好的浆中上浆。

2. 油锅烧热，将裹好的鱿鱼、大虾炸至金黄色，盛入盘中。

3. 再热油锅，将土豆块炸熟，与圣女果、黄瓜片一同放入有鱿鱼、大虾的盘中，淋入酱汁即可。

> **营养功效：** 土豆性平，味甘，具有和胃调中、益气健脾等功效，可辅助改善消化不良、习惯性便秘、神疲乏力、关节疼痛、皮肤湿疹等症。

带子天妇罗

养阴补虚

原材料 带子300克，鸡蛋液50毫升，天妇罗粉适量

调味料 盐3克，酱油5毫升，油适量

鸡蛋

盐

做法

1. 天妇罗粉、鸡蛋液加清水搅拌均匀成面浆。

2. 带子洗净，加盐、酱油腌渍，再裹上调好的面浆。

3. 油锅烧热，下入裹好的带子炸至金黄色即可。

营养功效： 带子是贝类软体动物中的一种，含有能降低血清胆固醇的代尔太 7- 胆固醇和 24- 亚甲基胆固醇，它们兼有抑制胆固醇在肝脏合成和加速排泄胆固醇的独特作用，从而使体内胆固醇下降。

日禾烧银鳕鱼

补血益气

原材料 银鳕鱼100克，圣女果1个，土豆条适量

调味料 盐2克，味精3克，牛油5克，日禾酱50克

做法

1. 将银鳕鱼洗净，切块，用盐、味精腌渍入味；圣女果洗净对切。

2. 扒炉上火，倒入牛油烧热，放入银鳕鱼煎至熟，然后将土豆条放入扒炉煎至金黄色。

3. 将银鳕鱼取出，涂上日禾酱，放入炉中，煎至金黄色，取出摆入碟中，饰以圣女果、土豆条即可。

营养功效： 鳕鱼中富含DHA，是小儿视网膜的重要组成分，又是公认的益智与促进小儿大脑发育的重要营养素，因此鳕鱼是宝宝增强体质必不可少的美食。

酱汁烧鸭
排毒瘦身

[原材料] 鸭半只，熟白芝麻适量

[调味料] 盐、白糖、胡椒粉、甜面酱各适量

做法

1. 锅置火上，放入调味料，加适量清水煮成酱汁，将鸭身均匀地刷上酱汁。

2. 烤箱预热，将鸭肉放入，开火120℃烤7分钟，中途再刷一次酱汁。

3. 待鸭熟后，取出切块，淋上酱汁，撒上熟白芝麻即可。

鸭

白芝麻

洋葱炒牛柳
降低血脂

[原材料] 牛柳500克，洋葱150克，葱丝、蒜各适量

[调味料] 白糖、料酒、姜汁、生抽、老抽、胡椒粉、盐、孜然粉各适量

做法

1. 牛柳洗净，切条，用刀拍松，放白糖、料酒、姜汁、生抽、老抽、胡椒粉腌渍；洋葱洗净，切丝；蒜去皮，拍碎。

2. 铁板预热，先铺上洋葱丝，再放上牛柳翻烤均匀，加盐、蒜碎、孜然粉调味，盛盘，撒上葱丝即可。

香烤银鳕鱼
排毒瘦身

原材料 银鳕鱼150克，葱3克，红辣椒话量

调味料 酱油、料酒各10毫升，盐3克

做法

1. 葱洗净，切成段；红辣椒洗净，切成小片；银鳕鱼洗净，切成大块，涂上盐、酱油、料酒、葱段、红辣椒片调成的酱汁，腌渍15分钟，夹出葱段、红辣椒片。

2. 烤箱调至200℃，先预热10分钟，然后放入银鳕鱼烤15分钟，中途将酱汁用刷子刷在银鳕鱼身上，再将鱼入烤箱烤至金黄色、全熟时，取出即可。

酱烧银鳕鱼腩
降低血脂

原材料 银鳕鱼腩500克

调味料 酱油50毫升，蒜汁、麻油各20毫升，盐4克，味精2克，沙拉酱30克

做法

1. 银鳕鱼腩刮鳞，拆去骨，洗净备用。

2. 将备好的银鳕鱼腩放入盘中，调入酱油、麻油、蒜汁、盐、味精拌匀，腌渍2分钟。

3. 将腌好的鱼腩放入烤炉，以中火烤熟后，点上沙拉酱即成。

银鳕鱼　　　　蒜

烤银鳕鱼
增强免疫力

原材料 银鳕鱼300克，圣女果适量，蒜30克

调味料 盐5克，胡椒粉3克，意大利酱汁适量

做法

1. 银鳕鱼洗净，去鱼鳞，切片，加盐、胡椒粉及意大利酱汁腌渍10分钟备用；蒜去皮，洗净切片；圣女果洗净，对切。

2. 烤箱预热，放入银鳕鱼、蒜片烤制15分钟左右后拿出。

3. 装盘，配圣女果食用。

营养功效： 银鳕鱼肉中含有球蛋白、白蛋白及含磷的核蛋白，并含有儿童必需的各种氨基酸，极容易消化吸收，还含有不饱和脂肪酸和钙、磷、铁、B 族维生素等。

照烧鱿鱼圈

增强免疫力

原材料 鱿鱼500克，干辣椒、蒜、葱丝各10克

调味料 盐4克，陈醋、酱油各10毫升

做法

1. 鱿鱼洗净，剖开，去内脏，将鱿鱼鱼身顶刀切成圈。

2. 将鱿鱼圈放入开水中余烫，捞出，放入冰水浸泡；蒜去皮洗净切碎；干辣椒切圈。

3. 将鱿鱼圈、蒜碎、干辣椒、陈醋、酱油、盐、葱丝一起拌匀，放入烤箱中，以200℃烤制15分钟即可。

鱿鱼

干辣椒

巧炒鱿鱼： 减少砂糖的用量，改用糖稀、蜂蜜就能使鱿鱼丝变软。在油中放入调料酱，煮开后熄火。放凉后，将炒好的调料酱与鱿鱼丝拌匀即可。

日禾烧龙虾仔

排毒瘦身

原材料 龙虾仔200克，黄瓜圣女果沙拉1份

调味料 日禾酱50克，清酒10毫升，椒盐1克，牛油10克

做法

1. 将龙虾仔从背脊开边，清洗干净，沥干水备用。

2. 将龙虾放入扒炉中用牛油煎至八成熟，再调入椒盐和清酒。

3. 将龙虾盛出，涂上日禾酱，放入炉中烤至金黄色。

4. 龙虾装入盘中，放上黄瓜圣女果沙拉即可。

营养功效： 龙虾含有人体所必需而又不能合成或合成量不足的8种氨基酸。

酱烧平鱼
降低血脂

原材料 平鱼600克，洋葱25克，荷叶1张，香菜5克，蒜15克

调味料 辣椒酱45克，料酒、盐各适量

做法

1. 平鱼去除内脏后洗净，用刀在鱼身两侧各划上两刀，用盐、料酒均匀地涂在鱼身上，腌10分钟；蒜洗净，切末；洋葱洗净，切碎；香菜洗净，切成段。

2. 烤箱预热至200℃，垫上荷叶，放上平鱼，涂上辣椒酱，放蒜末、洋葱碎，烤7分钟，翻面，涂上辣椒酱，再烤7分钟，取出，放上香菜段点缀。

烧鲭鱼
降低血脂

原材料 鲭鱼600克，柠檬1个

调味料 盐4克，料酒8毫升，酱油适量

做法

1. 将鲭鱼洗净，切去头、尾，只留取鱼身，在鱼背上斜划几刀，放入盐、料酒、酱油调成的酱汁中腌渍；柠檬洗净，切片。

2. 烤箱预热至200℃，放入鲭鱼，烤10分钟，翻面，涂上酱汁，再烤10分钟，取出，食用时搭配柠檬片装饰。

鲭鱼

柠檬

烤青鱼

增强免疫力

原材料 青鱼1条，柠檬1个

调味料 盐4克，糖2克，鸡精、烧汁、南乳酱、胡椒粉各适量

做法

1. 将青鱼刮去鳞，去内脏，对半剖开，洗净。

2. 用一半烧汁以及其他调味料将鱼身的两面擦匀，再用半个柠檬的汁擦匀鱼身，腌30分钟。

3. 将腌过的青鱼放入200℃高温的烤炉中，烤10分钟，取出另一半烧汁擦匀鱼身，再烤10分钟即可。

青鱼

柠檬

煎鱼巧入味： 使鱼体尽量减少水分，这样鱼体可以多吸收调味汁。用小火慢烧，待汁浓时再出锅。烹饪体形较大的鱼，要打花刀，刀纹要稍深。

蒜香章红鱼

排毒瘦身

原材料 章红鱼250克，黄瓜片35克，蒜30克，柠檬块、胡萝卜片、圣女果各适量

调味料 清酒、生抽各8毫升，盐3克，黑椒粉、沙拉酱、芥末酱各适量

做法

1. 蒜去皮，洗净切片；章红鱼用水洗净，切成片状，抹上清酒、生抽、盐、黑椒粉、蒜片调成的酱汁，腌渍15分钟。

2. 烤箱预热至200℃，入章红鱼，烤10分钟，翻面，涂上酱汁后再烤10分钟；饰以圣女果、胡萝卜片、黄瓜片、柠檬块；配以沙拉酱或芥末酱。

黄瓜　　　　　蒜

特别提示： 吃完蒜后喝杯咖啡、牛奶或绿茶，可起到消除口气的作用。

蛋烤多春鱼

降低血脂

原材料 多春鱼400克，鸡蛋2个，柠檬1个，蒜、淀粉各适量

调味料 生抽8毫升，盐、姜汁各适量

做法

1. 多春鱼洗净，加入生抽、盐、姜汁腌渍；蒜去皮，洗净切片；鸡蛋打入碗中，加入淀粉、盐搅成糊；柠檬洗净，切片。

2. 烤箱预热至200℃，放入多春鱼，撒上蒜片，抹上鸡蛋糊，烤7分钟，翻面，再抹上鸡蛋糊，烤7分钟，盛盘，食用时配以柠檬片即可。

鸡蛋

柠檬

避免炸鱼、虾面糊结块的窍门：炸鱼、虾时常裹上面糊，在调制时可先在冷水中加入少许盐，再放入已经过筛的面粉，就可避免结块的现象。

芝麻烤鲭鱼

排毒瘦身

原材料 鲭鱼600克，白芝麻10克

调味料 盐、料酒、酱油、蚝油各适量

做法

1. 将鲭鱼洗净，切去头、尾，只留鱼身，在鱼背划上几刀，抹上盐、料酒、酱油、蚝油调成的酱汁，腌渍10分钟。

2. 烤箱预热至200℃，放入鲭鱼，撒上白芝麻，烤10分钟，翻面，涂上酱汁，再烤10分钟，取出即可。

鲭鱼　　　　白芝麻

炭烧青鱼

降低血脂

原材料 青鱼250克，生粉100克

调味料 盐5克，味精4克

做法

1. 将青鱼解冻，去骨留肉，再将鱼肉洗净备用。

2. 将青鱼用盐、味精腌10分钟左右，待其入味。

3. 用生粉抹匀鱼肉，放入炭烧炉中烧至熟，取出装盘。

青鱼　　　　盐

烧汁鳗鱼

增强免疫力

原材料 鳗鱼2条，黄瓜、圣女果各10克，熟芝麻、水淀粉各适量

调味料 盐3克，料酒10毫升，烧汁、生抽、姜汁各适量

做法

1. 鳗鱼洗净，氽水，捞出沥干，切块，放盐、料酒、烧汁、姜汁调成的酱汁腌渍30分钟；黄瓜洗净，切片；圣女果洗净。

2. 烤箱调至180℃，预热10分钟，放入鳗鱼烤10分钟，翻面，涂上酱汁，再烤10分钟，取出。

3. 锅烧热，放入烧汁、生抽烧开，用水淀粉勾芡，淋在鳗鱼上，撒上熟芝麻，搭配黄瓜片、圣女果食用即可。

米酒除咸鱼咸味的方法： 如果咸鱼过咸，可将鱼洗净后放在米酒中浸泡2~3小时，咸鱼就不会过咸了。

岩烧多春鱼
增强免疫力

原材料 多春鱼350克，面粉、熟白芝麻各适量，黄瓜1根，柠檬1个

调味料 盐5克，料酒15毫升，姜汁适量

做法

1. 多春鱼洗净，加入料酒、盐、姜汁稍腌去腥，然后将多春鱼拍上面粉，稍稍抖动去掉多余面粉；黄瓜、柠檬分别洗净切片。

2. 将石头或岩石置于火炉上烧烤至300℃，再放上多春鱼，撒上熟白芝麻，烧至多春鱼两面呈金黄色即可装盘，用黄瓜片、柠檬片装饰即可。

白芝麻

黄瓜

营养功效: 多春鱼的营养价值非常高，小孩子吃了可以明目，而且鱼子含有皮肤所需的矿物质、蛋白质等。

炭烧拼盘
排毒瘦身

原材料 青鱼250克，银鳕鱼350克，鸡软骨100克，鳗鱼300克，生粉、鸡蛋各适量

调味料 盐、酒、豉油各适量

做法

1. 青鱼洗净，去骨留肉；银鳕鱼去鳞洗净，吸干水分，用竹签串好；鳗鱼收拾干净，洗净切块。
2. 青鱼用盐腌，用生粉抹匀；银鳕鱼用盐、酒、鸡蛋液腌1小时；鸡软骨用盐腌50分钟；鳗鱼用剩余调味料腌30分钟；所有原材料均放在炭烧炉烧熟，盛盘即可。

烤鲮鱼
降低血脂

原材料 鲮鱼1条，柠檬、黄瓜、西红柿各适量

调味料 烧汁50毫升

做法

1. 将鲮鱼宰杀，去骨取鲮鱼肉洗净备用；柠檬、黄瓜、西红柿分别洗净，切片备用。
2. 在鲮鱼肉两面皆均匀地涂抹上烧汁。
3. 将抹好烧汁的鲮鱼肉放入烤炉，中火烤约5分钟即可装盘。
4. 放入柠檬片、黄瓜片、西红柿片装饰即可。

照烧多春鱼
排毒瘦身

原材料 多春鱼400克,圆白菜20克,柠檬话量

调味料 料酒、生抽各15毫升,鱼露10毫升,盐5克

做法

1. 圆白菜洗净,切丝,撒在盘中;柠檬洗净,切片,放入冰箱冷藏。

2. 多春鱼洗净,将料酒、盐、生抽、鱼露调成的酱汁均匀涂抹在鱼身上。

3. 烤箱预热至200℃,放入多春鱼,烤7分钟,翻面,涂上酱汁,再烤7分钟,盛盘,配柠檬片食用。

烤鸡肉串
排毒瘦身

原材料 鸡肉、鸡蛋、玉米淀粉、紫苏叶各适量

调味料 盐4克,蚝油、胡椒粉各适量

做法

1. 鸡肉洗净,切块;将鸡蛋打入碗中,加入玉米淀粉、盐搅拌成糊状;紫苏叶洗净。

2. 将鸡肉放入蛋糊中腌渍30分钟,用竹签将鸡肉串好,放在火上边烤边刷蚝油,撒上胡椒粉烤香,放在紫苏叶上装盘即可。

烤鳗鱼串

增强免疫力

原材料 鳗鱼400克，熟白芝麻适量

调味料 盐3克，醋、姜汁、烧汁、料酒、蜂蜜各适量

鳗鱼　　　白芝麻

做法

1. 鳗鱼用醋洗净黏液，用清水冲洗干净，将鳗鱼宰杀，洗净，切块，用姜汁、烧汁、料酒调成的料汁腌渍。

2. 将烧汁和蜂蜜拌匀，用竹签将鳗鱼串起，刷上蜂蜜烧汁，烤至金黄，并加入少许盐，烤熟后撒上熟白芝麻。

鱼皮巧做菜： 吃鱼之前可以先把鱼皮剥下来，切成碎末，用干炒的方式除去水分，再将其与小鱼、麻油拌仕一起，就做成一道营养丰富的拌菜了。

烤牛肉串

降低血脂

原材料 牛肉400克，紫苏叶2片，蒜泥15克

调味料 酱油8毫升，姜汁15毫升，胡椒粉、芝麻酱、蚝油、盐各适量

做法

1. 牛肉洗净，切块，用刀背拍松，用酱油、蒜泥、姜汁、胡椒粉、芝麻酱调成的料汁腌渍好；紫苏叶洗净。

2. 将腌好的牛肉用竹签串好，放在火上烤匀，边刷蚝油边烤，撒少许盐，烤至香熟，放在洗净的紫苏叶上即可。

牛肉

蒜

营养功效： 牛肉有高蛋白、低脂肪的特点，有利于防止肥胖。

烤牛舌串
增强免疫力

原材料 牛舌150克，柠檬、圆白菜叶、圣女果各25克

调味料 盐3克，料酒、蚝油、酱油各10毫升，白糖、胡椒粉、黄油各10克

做法

1. 牛舌洗净，切块，串在竹签上，抹上盐、料酒、蚝油、酱油，腌渍30分钟；柠檬洗净，切片；圣女果、圆白菜叶洗净。

2. 烤箱调至140℃，预热10分钟，放入牛舌串烤15分钟，中途涂上由酱油、胡椒粉、白糖、黄油调成的酱料。

3. 再入烤箱，将温度调至120℃，烤至牛舌全熟时，取出，配柠檬片、圆白菜叶、圣女果食用。

让牛舍变得柔软： 市场上有一种嫩肉粉，把牛舌切好后拌上一点，放置30分钟后下锅炒，可使牛舌变嫩，又有水果香味，口感甚佳。

烤大虾串

排毒瘦身

原材料 大虾150克

调味料 盐3克，姜汁、料酒、生抽、蚝油、黑胡椒粉各适量

做法

1. 大虾去除内脏，挑去虾线，放料酒、姜汁、盐、生抽腌渍，然后将大虾用竹签串起来。

2. 大虾放入火上，边烤边刷上蚝油，撒少许黑胡椒粉，烤出香味后装盘。

大虾　　　　　　盐

鳗鱼什锦拼盘

降低血脂

原材料 鳗鱼200克，圣女果80克，牛舌150克，大虾50克

调味料 料酒、盐、烧汁、生抽、胡椒粉、蜂蜜、黄油、辣椒酱各适量

做法

1. 鳗鱼洗净，切块，用料酒、盐、烧汁腌渍；圣女果氽烫，去皮；牛舌氽烫，去舌苔，切块，用盐、生抽、胡椒粉腌渍；大虾收拾干净，用料酒、盐腌渍。以上材料均用竹签串好。

2. 鳗鱼串、圣女果串刷蜂蜜，牛舌串刷黄油，大虾串刷上辣椒酱，放火上烤好即可。

蒜片烤大虾
排毒瘦身

原材料 大虾400克，蒜适量

调味料 盐4克，生抽8毫升，料酒、姜汁、胡椒粉各适量

做法

1. 大虾洗净，用生抽、姜汁、盐、料酒腌渍；蒜去皮，洗净切片。

2. 将腌好的大虾控干水分，放在铺好锡纸的烤盘上，放上蒜片，撒些胡椒粉；预热烤箱至200℃，放入大虾，烤15分钟。

大虾

蒜

照烧鲭鱼
降低血脂

原材料 鲭鱼500克，葱丝适量，蒜30克

调味料 盐5克，酱油、料酒各10毫升，姜汁适量

做法

1. 鲭鱼去头和内脏，用水清洗干净，剔除中骨，片成两片，背上划十字花刀，两面抹上盐，放入酱油、料酒、姜汁调成的酱汁中，腌渍片刻；蒜去皮，洗净切片。

2. 烤箱预热至200℃，放入鲭鱼、蒜片、葱丝，烤10分钟，翻面，涂上酱汁，再烤10分钟，取出即可。

培根芦笋卷

增强免疫力

原材料 培根150克，芦笋200克，胡萝卜适量

调味料 黑胡椒粉8克

做法

1. 培根洗净，切薄片；芦笋洗净，去皮，切成比培根稍长的段；胡萝卜洗净，切丝，放盘底。

2. 用培根将芦笋卷起来，再用竹签固定，撒上黑胡椒粉，然后用锡纸将培根卷包起来，放入烤箱，用220℃的温度烤15分钟，揭开锡纸，再烤3分钟，装盘即可。

芦笋

胡萝卜

营养功效： 培根中磷、钾、钠的含量丰富，还含有脂肪、蛋白质、胆固醇、碳水化合物等元素，具有开胃祛寒、消食等功效。

照烧蒜香牛扒
排毒瘦身

原材料 牛扒350克，鸡蛋2个，蒜35克，水淀粉、葱丝各适量

调味料 生抽、盐、酱油、胡椒粉、姜汁各适量

做法

1. 牛扒洗净，用刀背略拍松，放入生抽、姜汁、盐、酱油腌渍；蒜洗净切片备用；鸡蛋打入碗中，加水淀粉、胡椒粉、盐调成鸡蛋糊，将牛扒放入鸡蛋糊中挂好糊。

2. 烤箱预热至220℃，放入牛扒，撒上蒜片、葱丝烤7分钟，翻面，涂上鸡蛋糊，再烤7分钟，取出切块盛盘。

烧烤牛扒
降低血脂

原材料 牛扒肉400克，蒜蓉20克，圣女果适量

调味料 黑胡椒粉8克，柠檬汁15毫升，盐、麻油各适量

做法

1. 牛扒肉洗净，用蒜蓉、柠檬汁、黑胡椒粉、盐、麻油腌渍30分钟，再放入冰箱冷藏2小时，中间将牛扒翻面，让整个牛扒肉能均匀地腌好。

2. 将牛扒肉于烧烤前30分钟左右拿出。

3. 把烤架烧热，放上牛扒肉，烤至两面微黄；配以圣女果食用即可。

爽口沙拉
Shuang Kou Sha La

　　沙拉是用各种凉透了的熟料或是可以直接食用的生料加工成较小的形状后，再加入调味品或浇上各种冷调味汁拌制而成的。沙拉的原料选择范围很广，各种蔬菜、水果、海鲜、禽蛋、肉类等均可用于沙拉的制作。好的沙拉不仅爽口，还有诱人的色泽、均衡的营养和鲜美的味道。

烧肉沙拉
补肾养血

原材料 五花肉200克，白菜150克，葱丝、熟芝麻各适量

调味料 酱汁、沙拉酱各适量

做法

1. 白菜洗净，撕碎，放入盘中；五花肉洗净汆熟，晾凉切片，围在白菜旁。

2. 放上葱丝，淋入酱汁，撒上熟芝麻，配沙拉酱食用即可。

蟹子蔬果沙拉
养筋活血

原材料 蟹子80克，蟹柳200克，黄瓜、苹果各100克

调味料 沙拉酱适量

做法

1. 蟹柳洗净，切条；黄瓜、苹果洗净，切丝；蟹子用凉开水冲洗净。

2. 蟹柳入沸水煮熟，捞出，与苹果丝、黄瓜丝、蟹子加沙拉酱拌匀即可。

薯仔沙拉
防癌抗癌

原材料 薯仔200克，黄瓜30克，西红柿50克，淡奶、生菜各适量

调味料 沙拉酱50克，柠檬汁适量

做法

1. 薯仔洗净切碎；西红柿洗净切瓣；黄瓜洗净切片；生菜洗净放入盘底。

2. 薯仔用水煮好，用勺了压成泥；取适量沙拉酱用淡奶、柠檬汁调匀。

3. 将调后的沙拉酱和薯仔拌匀，再放入西红柿瓣和黄瓜片拌匀装盘即可。

黄瓜　　　西红柿

营养功效： 薯仔含有大量淀粉以及蛋白质、B 族维生素、维生素 C 等，具有和中健胃、健脾利湿、宽肠通便、延缓衰老等功效。

海鲜意大利粉沙拉

降压降脂

原材料 鲜鱿鱼100克，蟹柳30克，石斑鱼100克，意大利粉200克，带子、九节虾、红波椒、鲜蘑菇、黄瓜各适量

调味料 橄榄油、沙拉酱各适量

做法

1. 蘑菇洗净切薄片；黄瓜洗净切片；红波椒洗净切丝；海鲜入烧开的水中稍烫后用沙拉酱拌匀。

2. 锅中水烧开，放入意大利粉煮熟，捞出沥干水分。

3. 锅置于火上，放入油烧热，放入意大利粉、海鲜、蘑菇片、红波椒炒匀至熟，与黄瓜片一起装盘即可。

鱿鱼

九节虾

营养功效： 石斑鱼营养丰富，肉质洁白细嫩，具有健脾、益气、美容护肤等功效。

金枪鱼沙拉

益气调中

原材料 熟金枪鱼肉50克，土豆1个，紫甘蓝适量

调味料 白沙拉酱50克

金枪鱼

土豆

做法

1. 先将土豆煮熟，去皮切大块；紫甘蓝洗净切丝。
2. 将土豆块放入碗中，加入沙拉酱拌匀。
3. 将熟金枪鱼肉铺在上面，放上紫甘蓝丝即可食用。

营养功效： 金枪鱼肉中的脂肪酸大多为不饱和脂肪酸，所含氨基酸齐全，人体必需8种氨基酸均有。它还含有维生素、铁、钾、钙、碘等多种矿物质，是现代人不可多得的健康食品。

火腿鸡肉沙拉

益气补血

原材料 芝士1片，熟火腿条50克，熟鸡肉50克，熟牛肉50克，生菜50克，西红柿块适量

调味料 千岛汁50毫升

做法

1. 芝士片、鸡肉、牛肉切成长条。

2. 生菜用水洗净切丝，垫入盘底，依次将牛肉条、芝士条、鸡肉条、火腿条、西红柿块放入。

3. 调入千岛汁即可食用。

火腿

生菜

营养功效： 生菜营养丰富，含有抗氧化物、维生素 B_1、维生素 E 等，具有清热提神、镇痛催眠、降低胆固醇等功效。生菜还含有甘露醇等有效成分，可促进血液循环，清肝利胆。

扒什菜沙拉

降压降脂

原材料 茄子80克，洋葱50克，甜椒20克，鲜菇30克，芦笋30克，黄瓜适量

调味料 香料、椰榄油各适量，盐、胡椒各3克

做法

1. 茄子、洋葱、甜椒、鲜菇、黄瓜、芦笋洗净，切成片状，放入盐、胡椒、橄榄油、香料拌匀。
2. 将扒炉火力开至中火，所有蔬菜放在扒炉中扒至熟。
3. 将扒好的蔬菜依次摆入盘中并加以装饰即可。

苹果西芹沙拉

降低血压

原材料 苹果200克，西芹30克，核桃仁25克，葡萄干10克，草莓50克，西瓜片2片

调味料 沙拉酱20克

做法

1. 将苹果洗净，连皮一起切成块；西芹洗净，切成段。
2. 将已切好的苹果、西芹装入碗中，放入沙拉酱拌匀。
3. 将已拌好的苹果块、西芹段倒在碗中，撒上葡萄干和核桃仁，用草莓和西瓜片围在盘边作装饰即可。

香煎银鳕鱼沙拉
增强免疫力

原材料 冻银鳕鱼150克，芦笋100克，生菜2片，洋葱20克，西芹、青椒、红椒各20克，面粉10克

调味料 油醋汁、盐、白酒、油各适量

做法

1. 冻银鳕鱼解冻洗净后，放入白酒、盐、面粉腌1分钟；芦笋洗净、切段、焯水待用；生菜洗净，放入碟中。

2. 洋葱、西芹和青椒、红椒洗净切条，放于生菜上面，淋上油醋汁。

3. 锅入油烧热，放入银鳕鱼煎至金黄，取出摆于碟中，将芦笋摆于银鳕鱼旁即可。

田园沙拉
养肝明目

原材料 圣女果5个，洋葱1个，胡萝卜1根，西生菜100克，甜椒1个，西芹1棵，黄瓜、紫甘蓝各适量

调味料 沙拉酱5克，番茄酱10克

做法

1. 将所有原材料洗净，洋葱、甜椒切圈，胡萝卜、西芹切条，西生菜、黄瓜切块，紫甘蓝切丝。

2. 将切好的原材料和圣女果装入碗内；将调味料调匀，淋在原材料上。

圣女果

洋葱

面包生菜沙拉

抵抗病毒

原材料 面包6片，生菜100克

调味料 白沙拉酱适量，牛油50克

做法

1. 面包片去硬边切薄片；生菜洗净，切成细丝。

2. 将生菜丝用白沙拉酱拌匀。

3. 面包片平放，放上拌匀的生菜沙拉，涂上牛油，封好口，以斜角切开，装碟即可食用。

面包

生菜

避免蔬菜变色又增加美味的技巧： 如果是做酸溜溜的菜，就在切好蔬菜后立即将其放到醋里再拿出。这样在3~4 小时之内可以避免其变色。

175

金枪鱼西红柿盏

祛斑美白

原材料 生菜100克，熟金枪鱼肉50克，西红柿3个，圣女果、芦笋各适量

调味料 沙拉酱100克

做法

1. 西红柿洗净去籽掏空；芦笋洗净切长条；生菜洗净切丝；圣女果洗净；将生菜装盘，放入沙拉酱搅拌均匀。

2. 将已调好沙拉酱的生菜放入西红柿肚内，铺上熟金枪鱼肉，以圣女果、芦笋装饰即可。

生菜　　　西红柿

营养功效： 西红柿有减肥瘦身、消除疲劳、增进食欲、提高对蛋白质的消化率等功效。

海鲜芹菜沙拉
降低血压

原材料 鱿鱼20克，洋葱1/3个，粉丝100克，虾仁3粒，青口贝2个，鱼柳15克，芹菜50克

调味料 辣酱10克，酸辣汁适量，鱼露3毫升

鱿鱼

洋葱

做法

1. 用热水泡粉丝，5分钟后捞起沥水；海鲜洗净焯水，捞起用凉开水冲冷。

2. 洋葱洗净切丝，芹菜切段，将以上材料倒入盘中；加入调味料拌匀即可。

这些原料水泡后再使用：烹饪之前，需要在水中泡一下的原料包括本身有苦涩味道的原料；去皮后很容易变色的植物原料；个习惯其特有味道的原料；去除残渣比较困难的原料等。

青木瓜沙拉

补血养颜

原材料 青木瓜1个，西红柿、花生碎、朝天椒、蒜、生菜、豇豆各适量

调味料 醋5毫升

做法

1. 将青木瓜洗净去皮，切开去籽，切成丝。

2. 将朝天椒、蒜洗净剁碎；西红柿洗净切瓣；生菜洗净放入碗底；豇豆洗净余熟切段。

3. 将木瓜丝、朝天椒、蒜碎、豇豆、西

红柿瓣放入碗中，加醋一起拌匀，上碟，再撒些花生碎即可。

青木瓜

西红柿

挑选木瓜的技巧： 青木瓜要挑选果皮光滑、成色均匀、青色亮、没有色斑的。熟木瓜要挑手感很轻的，这样的木瓜果肉比较甘甜；手感沉的木瓜一般还未完全成熟，口感有些苦。

鲜果沙拉

清肺止咳

原材料 哈密瓜50克，苹果50克，雪梨50克，火龙果25克，橙子25克，西瓜25克，圣女果4个，樱桃20克

调味料 沙拉酱适量

做法

1. 将樱桃洗净；将圣女果洗净对切；将其余原材料洗净，去皮后切成块。

2. 将切好的水果块放入盘内。

3. 调入沙拉酱，拌匀即可食用。

哈密瓜

苹果

挑选火龙果的技巧： 好的火龙果外皮很饱满、整洁，没有坑包，有香甜或淡淡的香气。火龙果一般是浅红色和深红色，个头小些、颜色深些的火龙果口感会更甜。

179

樱桃萝卜橄榄沙拉

补血养颜

原材料 洋葱35克，西红柿50克，橄榄20克，樱桃萝卜、黄瓜、生菜各适量

调味料 橄榄油15毫升，苹果醋5毫升，盐适量

做法

1. 洋葱洗净，切条；樱桃萝卜洗净，切片；西红柿洗净，切块；黄瓜洗净，去皮，切片；生菜洗净，切好；橄榄洗净。

2. 将上述食材装盘备用。

3. 取一小碟，倒入橄榄油、苹果醋、盐，调匀，淋在食材上，拌匀即可。

洋葱

西红柿

营养功效： 樱桃萝卜富含维生素C、矿物质、芥子油、木质素等多种成分，生食可促进胃肠蠕动，增进食欲，帮助消化。

四季豆圣女果沙拉
滋阴润燥

原材料 四季豆210克，圣女果、蒜蓉各适量

调味料 色拉油、香醋、盐各适量

做法

1. 四季豆择洗干净，沥干水后备用；圣女果洗净，对半切开。
2. 将四季豆放入锅中焯熟后捞出，倒入盘中，然后放上圣女果。
3. 取一小碟，倒入色拉油，拌入蒜蓉、香醋、盐，调匀成料汁。
4. 将调好的料汁淋在盘中的食材上，拌匀即可食用。

黄瓜生菜沙拉
降低血糖

原材料 洋葱10克，西红柿10克，青柠檬10克，生菜10克，黄瓜10克，红薯10克

调味料 孜然、橄榄油、盐、醋、沙拉酱各适量

做法

1. 西红柿洗净，切成小瓣；黄瓜洗净，切成长条；生菜洗净，撕成小块；洋葱洗净，切成小块；红薯洗净，切成片；青柠檬洗净，切薄片。
2. 取一干净大杯，放入以上所有食材。
3. 加入橄榄油、盐和醋，拌匀，撒上孜然，食用前淋上沙拉酱拌匀。

红椒胡萝卜沙拉

补血养颜

原材料 胡萝卜、西红柿、圆白菜各适量，红椒150克，罗勒叶少许

调味料 盐3克，橄榄油、醋、白糖各适量

做法

1. 红椒洗净，切小片；胡萝卜洗净，去皮，切小块；西红柿洗净，切小块；圆白菜洗净，切碎；罗勒叶洗净。

2. 红椒、胡萝卜、圆白菜焯水，捞出待凉；与西红柿一起摆盘。

3. 取一小碟，加入橄榄油、醋、盐、白糖拌匀，调成料汁，淋在盘中的食材上，饰以罗勒叶即可。

胡萝卜

西红柿

营养功效：胡萝卜的芳香气味是因其所含的挥发油成分，能促进消化，并有杀菌消毒的作用。

香芹叶红椒沙拉

清肺止咳

原材料 香芹叶、菠菜叶、紫苏叶各40克，香葱、红椒各15克

调味料 橄榄油、盐、油醋汁、沙拉酱各适量

做法

1. 香芹叶洗净，备用；紫苏叶洗净，备用；红椒洗净，切圈。

2. 香葱洗净，取葱白切碎；菠菜叶洗净汆烫备用。

3. 将上述食材一同放入碗中，加入少许橄榄油、盐拌匀，淋上油醋汁。

4. 食用时再加沙拉酱拌匀即可。

香芹

菠菜

营养功效： 红椒有辛香味，能去除菜肴中的腥味，营养价值甚高，具有御寒、增进食欲、杀菌的功效。

黄瓜甜菜根沙拉

补血养颜

原材料 甜菜根80克，樱桃萝卜60克，黄瓜50克，洋葱、上海青各适量

调味料 胡椒粉、肉桂粉、色拉油、醋各适量，盐1克

做法

1. 甜菜根洗净，削皮，切片，焯水至断生；樱桃萝卜洗净，切薄片；黄瓜洗净，切片；洋葱洗净，切丝；上海青择洗干净。

2. 将上述食材依次摆入盘中；取一小碗，倒入色拉油、醋、盐、胡椒粉、肉桂粉，拌匀成汁。

3. 待食用时，再将拌好的汁淋在食材上即可。

营养功效： 上海青含有大量胡萝卜素和维生素 C，有助于增强机体免疫能力，特别适宜口腔溃疡、口角湿白、牙龈出血、牙齿松动、淤血腹痛、癌症患者食用。

苹果甜菜根沙拉

滋阴润燥

原材料 甜菜根200克，苹果1个，青菜适量

调味料 白兰地酒、白糖各适量

做法

1. 甜菜根用水洗净，削皮，切丁，焯水至断生。

2. 苹果洗净，去皮后切丁。

3. 青菜洗净，切丝。

4. 将苹果丁和甜菜根丁摆入盘中，再放入青菜丝。

5. 淋上白兰地酒，倒入白糖，搅拌均匀即可。

生菜烤面包沙拉

降低血糖

原材料 胡萝卜20克，生菜80克，烤面包适量

调味料 橄榄油、盐、沙拉酱各适量

做法

1. 生菜洗净，备用；胡萝卜洗净，去皮后切成条；烤面包切成小块。

2. 将生菜、胡萝卜条、烤面包块一同放入碗中，加入少许橄榄油、盐拌匀，食用时，放入适量沙拉酱即可。

胡萝卜　　　　生菜

土豆黄瓜沙拉

补血养颜

原材料 黄瓜50克，土豆120克，樱桃萝卜、豆瓣菜嫩苗各适量

调味料 沙拉酱、橙汁、盐、白糖、黑胡椒碎各适量

做法

1. 土豆洗净，削皮，放入锅中煮至熟软，切块；黄瓜洗净，切块；樱桃萝卜洗净，切片；豆瓣菜嫩苗洗净。

2. 取小碗，倒入沙拉酱、橙汁、盐、白糖，调匀。

3. 将土豆块、黄瓜块放入瓷盆中，倒入调好的沙拉酱，搅拌均匀。再放入樱桃萝卜片和豆瓣菜嫩苗，撒上少许黑胡椒碎即可。

黄瓜

土豆

营养功效： 土豆是非常好的高钾低钠食物，很适合水肿型肥胖者食用。

生菜黑橄榄沙拉
滋阴润燥

原材料 生菜70克，黄瓜、圣女果、黑橄榄、青椒各适量

调味料 橄榄油、醋、盐、白糖各适量

做法

1. 生菜择洗干净，控干水分备用；黄瓜清洗干净，切片。
2. 圣女果、黑橄榄均洗净，用棉布擦干水分。
3. 青椒洗净，去籽，切圈。
4. 将以上食材均放入碗中，调入橄榄油、醋、盐和白糖，拌匀即可食用。

紫甘蓝果味沙拉
滋阴润燥

原材料 紫甘蓝250克

调味料 苹果醋、橄榄油各适量，丘比特沙拉酱50克

做法

1. 紫甘蓝洗净，切丝，用沸水焯烫，再用纯净水清洗几次，沥干水。
2. 把沥干的紫甘蓝放入碗中，加入橄榄油拌匀。
3. 再加入丘比特沙拉酱拌匀，装入碗中后淋上苹果醋，放入冰箱冷藏15分钟，取出即可。

胡萝卜苤蓝沙拉

滋阴润燥

原材料 胡萝卜1根，苤蓝100克，葱花、松子各适量

调味料 橄榄油、盐、糖、醋各适量

做法

1. 胡萝卜、苤蓝均洗净，去皮，切丝。

2. 松子去壳，将松仁取出，炒香。

3. 锅内注清水烧开，将胡萝卜丝和苤蓝丝焯水。

4. 将胡萝卜丝和苤蓝丝装入碗中，撒入少许葱花和松子。

5. 加入盐、糖、醋、橄榄油拌匀即可。

酸爽沙拉

降低血糖

原材料 柠檬、西红柿、生菜各适量

调味料 色拉油、柠檬汁各适量，白糖、盐各少许

做法

1. 西红柿洗净，切块；柠檬洗净，擦干水后切片；生菜洗净，切好。

2. 将上述食材依次放入盘中。

3. 取一小碟，倒入色拉油、柠檬汁，拌入白糖、盐调匀。

4. 将调味汁淋在盘中的食材上，拌匀。

柠檬　　　　　西红柿

圆白菜沙拉

补血养颜

原材料 圆白菜、西红柿、芝麻菜、番杏、紫生菜、玉米粒、鹰嘴豆、奶酪各适量

调味料 橄榄油、柠檬汁、芥末、胡椒碎、白糖、盐各适量

做法

1. 圆白菜、芝麻菜、番杏、紫生菜均择洗干净；西红柿洗净，切块；玉米粒、鹰嘴豆均洗净，焯水；奶酪切小块备用；将上述食材均装入碗中。

2. 取一小碟，加入橄榄油、柠檬汁、芥末、胡椒碎、白糖、盐，拌匀，调成料汁，淋在碗中食材上即可。

圆白菜

西红柿

营养功效： 圆白菜中含有某种溃疡愈合因子，对溃疡有着很好的治疗作用，是有益胃溃疡患者的食物。

罗勒香橙沙拉

补血养颜

原材料 香橙100克，罗勒叶、洋葱、白芝麻各适量

调味料 盐、白糖、白醋、橄榄油各适量

做法

1. 罗勒叶用水洗净，控干水分；洋葱用水洗净，切成细丝；香橙洗净去皮，切成片。

2. 将罗勒叶、香橙片、洋葱丝依次放在盘中。

3. 加入盐、白糖、白醋、橄榄油，搅拌均匀，再往盘中均匀地撒上白芝麻即可食用。

香橙

洋葱

营养功效： 香橙所含的纤维素和果胶物质可促进肠道蠕动，有利于清肠通便，排出体内有害物质。

红甜椒圆白菜沙拉

滋阴润燥

原材料 圆白菜200克，葱花、莳萝、红甜椒各适量

调味料 橄榄油、香醋、芥末、盐、黑胡椒碎各适量

做法

1. 圆白菜洗净切丝。

2. 红甜椒洗净，去籽，切丁。

3. 莳萝洗净。

4. 将圆白菜丝放入玻璃碗中，放入红甜椒丁、葱花和莳萝，再加入橄榄油、香醋、芥末、盐、黑胡椒碎搅拌均匀即可。

紫色菊苣沙拉

降低血糖

原材料 紫色欧洲菊苣170克，橙子适量

调味料 橄榄油、红酒、盐、白糖、醋各适量

做法

1. 紫色欧洲菊苣切片，装碗；橙子洗净，去皮切块后装碗。

2. 取一小碟，里面加入橄榄油、红酒、醋、盐、白糖，拌匀，调成料汁。

3. 将料汁均匀地淋在食材上即可。

橙子　　　　　盐

菊苣青菜沙拉

补血养颜

原材料 圣女果50克，青菜80克，玉米粒20克，生菜20克，欧洲菊苣适量

调味料 盐、橄榄油、沙拉酱各适量

做法

1. 圣女果洗净，切小块；玉米粒洗净，焯水至熟，捞出备用；青菜洗净，垫入盘底；生菜洗净，撕成小块；欧洲菊苣洗净，撕成小块。

2. 将菊苣、圣女果、玉米粒、生菜放入装青菜的盘中，淋上橄榄油，撒少许盐，食用时加入沙拉酱拌匀即可。

圣女果

青菜

营养功效：玉米富含维生素，常食可以促进胃肠蠕动，加速身体内有毒物质的排泄。

西红柿洋葱沙拉
滋阴润燥

原材料 西红柿100克，洋葱20克，葱花适量

调味料 橄榄油、盐、醋各适量

做法

1. 西红柿洗净，切瓣；洋葱用水洗净，切圈。

2. 取一碗，倒入西红柿瓣和洋葱圈。

3. 加入橄榄油、盐和醋拌匀，撒上葱花即可。

西红柿　　　洋葱

薄片沙拉
降低血糖

原材料 黄瓜30克，胡萝卜35克，樱桃萝卜40克，蒜末适量

调味料 色拉油、醋、白糖、盐各适量

做法

1. 黄瓜、胡萝卜均洗净，刨成薄片；樱桃萝卜洗净，切薄片。

2. 将上述食材一一放入盘中。

3. 倒入色拉油、醋、蒜末、白糖、盐，搅拌均匀即可。

黄瓜　　　　胡萝卜

时蔬沙拉
滋阴润燥

原材料 松软干酪、樱桃萝卜、黄瓜、茴香菜、莳萝末、香芹碎、香菜各适量

调味料 沙拉酱、胡椒碎、醋各适量

做法

1. 松软干酪切小块；樱桃萝卜洗净切丁；黄瓜洗净切条；茴香菜、香菜均洗净。

2. 将松软干酪、樱桃萝卜、黄瓜放在方形玻璃碗中；另取一玻璃碗，倒入沙拉酱、醋，再加入莳萝末、香芹碎、胡椒碎，搅拌均匀，调成料汁。

3. 将调好的料汁倒在食材上，拌匀；将茴香菜、香菜插在沙拉上作为装饰。

圆白菜紫甘蓝沙拉
降低血糖

原材料 紫甘蓝70克，圆白菜、洋葱、莳萝各适量

调味料 橄榄油、醋、盐、白糖各适量

做法

1. 紫甘蓝洗净，切丝；圆白菜择洗干净后切丝；洋葱洗净，切圈，然后放入沸水锅中焯熟；莳萝洗净，沥干多余的水分。

2. 将上述食材摆入盘中。

3. 淋入橄榄油和醋，撒入盐、白糖，一起搅拌均匀即可。

圣女果黄桃沙拉

补血养颜

原材料 圣女果100克，黄桃120克，罗勒叶、奶酪各适量

调味料 棕榈糖、橄榄油各适量

做法

1. 圣女果洗净，切小块；黄桃去皮，洗净后切块；罗勒叶洗净。

2. 将圣女果块、黄桃块装入盘中，装饰以罗勒叶。

3. 奶酪刨丝，均匀撒在盘中。

4. 取一小碟，倒入橄榄油，加入棕榈糖后拌匀；将调好的橄榄油均匀淋在食材上即可。

圣女果　　　　罗勒叶

营养功效： 黄桃富含维生素C，具有保护牙齿健康、预防动脉硬化、清除自由基、祛除黑斑的功效。

小棠菜黄瓜沙拉

补血养颜

原材料 小棠菜60克，黄瓜70克，土豆、樱桃萝卜、葱各适量

调味料 色拉油、盐、花椒粉各适量

做法

1. 小棠菜洗净；黄瓜、樱桃萝卜均洗净，切片；土豆洗净，去皮，切块；葱洗净，切葱花。

2. 小棠菜入沸水中略加焯水，捞出；土豆块放入锅中煮至熟软。

3. 将小棠菜、黄瓜片、土豆块、樱桃萝卜片放入盘中。

4. 取一小碟，倒入色拉油、盐、花椒粉拌匀成汁；将调好的汁淋在食材上，拌匀，撒上葱花即可。

营养功效： 小棠菜可提供人体所需矿物质、维生素，其中以维生素 B_2 的含量尤为丰富，有抑制溃疡的作用。

紫甘蓝胡萝卜沙拉
滋阴润燥

原材料 紫甘蓝100克，胡萝卜20克，香菜叶5克，扁豆芽10克

调味料 盐3克，橄榄油、醋、白糖各适量

做法

1. 紫甘蓝洗净，切丝，备用；胡萝卜洗净，去皮，切片，然后打上花刀。

2. 扁豆芽洗净，放入沸水锅中焯水。

3. 香菜叶洗净，沥干水分，备用。将上述食材摆入盘中。

4. 取一小碟，里面放入橄榄油、醋、盐、白糖，拌匀，调成料汁。

5. 将调好的料汁淋在食材上即可。

芦笋圣女果沙拉
降低血糖

原材料 芦笋、圣女果、小棠菜、洋葱各适量

调味料 橄榄油、盐、醋、胡椒粉各适量

做法

1. 芦笋、小棠菜均洗净，焯水，沥干水备用；圣女果洗净，对半切开；洋葱洗净，切丝。

2. 将上述食材均装入碗中。

3. 取一小碟，加入橄榄油、盐、醋拌匀，调成料汁；将料汁淋在食材上，拌匀，再撒上少许胡椒粉即可。

紫甘蓝黄橄榄沙拉
滋阴润燥

原材料 紫甘蓝100克，黄橄榄50克，瓜子仁、葱各适量

调味料 橄榄油、盐、醋各适量

做法

1. 紫甘蓝洗净，切条，沥干水分；黄橄榄去核；葱洗净，切成葱花。
2. 将以上所有食材装入盘里。
3. 加入橄榄油、盐和醋，拌匀。
4. 再撒上瓜子仁即可。

紫甘蓝

葱

口蘑沙拉
降低血糖

原材料 口蘑100克，蒜60克，姜、生菜各适量

调味料 橄榄油、盐、醋各适量

做法

1. 口蘑洗净，切片，焯水；蒜剥皮，切碎；姜洗净，切丝；生菜洗净，捣成末备用。
2. 将橄榄油、盐、醋、蒜碎、姜丝、生菜末倒入碟里，拌匀，调成料汁。
3. 将口蘑装入盘里，淋上料汁即可。

西红柿洋葱沙拉

补血养颜

原材料 西红柿80克，洋葱25克，奶酪、黄瓜、芝麻菜、生菜各适量

调味料 盐1克，橄榄油、醋各适量

做法

1. 西红柿洗净，切块；洋葱洗净，切条；奶酪切小块；黄瓜洗净，切块；芝麻菜、生菜均洗净。

2. 将上述清理过的食材——放入碗中（奶酪最后放）。

3. 取一小碟，倒入盐、橄榄油、醋，搅拌均匀成汁。

4. 将调好的汁淋入食材中，轻轻搅拌即可（以免把奶酪弄碎）。

营养功效：黄瓜中所含的丙氨酸、精氨酸对肝脏疾病患者，特别是对酒精肝硬化患者有一定辅助治疗作用。

西红柿鹌鹑蛋沙拉

补血养颜

原材料 西红柿、生菜、熟鹌鹑蛋、黄瓜各适量

调味料 橄榄油、柠檬汁、芥末、黑胡椒碎各适量

西红柿　　　生菜

做法

1. 西红柿洗净，切块；生菜洗净；熟鹌鹑蛋剥壳，切块；黄瓜洗净，切片。

2. 将上述食材均摆入盘中，加入橄榄油、柠檬汁、芥末、黑胡椒碎，拌匀即可。

营养功效： 鹌鹑蛋的营养价值不亚于鸡蛋，鹌鹑蛋含有丰富的蛋白质、脑磷脂、卵磷脂、赖氨酸、维生素A、铁、磷、钙等营养物质，有补气益血、强筋壮骨、护肤美肤的作用。

西红柿双葱沙拉

滋阴润燥

原材料 西红柿500克，洋葱50克，香葱20克

调味料 橄榄油、白糖、醋各适量

做法

1. 西红柿洗净，切瓣；洋葱洗净，切小丁；香葱洗净，切成葱花。
2. 取一小碟，将橄榄油、白糖、醋倒入碟中，拌匀，调成料汁。
3. 将切好的西红柿、洋葱、葱花装入碗中，淋上调好的料汁拌匀即可食用。

海藻菠菜沙拉

降低血糖

原材料 豆腐1块，海藻15克，芝麻菜10克，菠菜15克，烤面包片、白芝麻、黑芝麻各少许

调味料 橄榄油、盐、醋、油各适量

做法

1. 芝麻菜、菠菜均洗净，焯水。
2. 热锅注油，烧至六成熟，加少许盐，放入豆腐，煎至两面金黄，盛盘。
3. 将海藻放到豆腐上，放上烤面包片，再放上菠菜，放上芝麻菜，撒上白芝麻、黑芝麻。
4. 淋上橄榄油、盐、醋即可。

红绿沙拉

补血养颜

原材料 黄瓜300克，鳄梨、樱桃萝卜、莳萝各适量

调味料 沙拉酱适量

黄瓜

樱桃萝卜

做法

1. 黄瓜洗净，切长片；鳄梨洗净，去皮去核，切小块；樱桃萝卜洗净，切片；莳萝清洗干净，沥干水分。

2. 将莳萝切碎后倒入沙拉酱中，拌匀。

3. 将调好的沙拉酱拌入食材中即可。

营养功效： 鳄梨果实富含多种维生素、多种矿物质以及膳食纤维，为高能低糖水果，有降低胆固醇和血脂，保护心血管和肝脏系统等重要功能。

熏火腿豌豆沙拉
补肺养血

原材料 熏火腿20克，熟鸡蛋1个，豌豆、土豆、豌豆苗各适量

调味料 蛋黄酱适量

做法

1. 熏火腿洗净，切薄片备用；熟鸡蛋剥壳，切小块；豌豆洗净，放入沸水中焯一会儿。
2. 土豆洗净，去皮，切块，放入沸水中焯熟；豌豆苗洗净备用。
3. 将上述食材均放入玻璃碗中。
4. 待食用时，再淋入蛋黄酱即可。

烤香肠沙拉
开胃消食

原材料 烤香肠1根，红圣女果、黄圣女果、洋葱条、莳萝、香菜碎各适量

调味料 蛋黄沙拉酱适量

做法

1. 红圣女果、黄圣女果洗净对半切开；莳萝用水洗净。
2. 将烤香肠摆入盘中，再放入红圣女果、黄圣女果和洋葱条。
3. 撒上少许香菜碎和莳萝。
4. 待食用时，再拌入蛋黄沙拉酱即可。

香肠

圣女果

风味樱桃萝卜沙拉
滋阴润燥

原材料 全麦面包、樱桃萝卜、独行菜
各适量

调味料 奶油酱适量

做法

1. 樱桃萝卜洗净，切片，备用。
2. 独行菜洗净，沥干水分备用。
3. 在全麦面包上抹上适量奶油酱。
4. 然后在奶油酱上摆上樱桃萝卜片。
5. 最后在沙拉上饰以独行菜即可。

面包

樱桃萝卜

蛋黄西红柿盏
降低血糖

原材料 西红柿7个，鸡蛋3个，鱼肉、
薄荷叶各适量

调味料 盐、橄榄油、味精各适量

做法

1. 西红柿用水洗净，挖空内瓤，做成西
   红柿盏。
2. 鸡蛋煮熟，取蛋黄，捣碎；薄荷叶洗
   净，备用。
3. 取鱼肉，蒸熟后搅成泥，放入盐、橄
   榄油、味精拌匀，放入西红柿盏中，
   再放上蛋黄，用薄荷叶点缀即可。

甜玉米西红柿沙拉

补血养颜

原材料 甜玉米100克，西红柿20克，青椒、黄瓜、小棠菜各适量

调味料 橄榄油、柠檬汁、盐、醋各适量

做法

1. 甜玉米洗净，剥粒，焯熟；西红柿洗净，切瓣；青椒洗净，切丁；黄瓜洗净，切丁；将以上食材装入碗里。

2. 加入橄榄油、柠檬汁、盐和醋，拌匀，饰以洗净的小棠菜即可。

玉米　　　西红柿

营养功效： 玉米含蛋白质、糖类、钙、磷、铁、硒、镁、胡萝卜素、膳食纤维等，有开胃益智、促进肖肠蠕动、排毒养颜的功效。

口蘑三文鱼沙拉

补血养颜

<u>原材料</u> 烟熏三文鱼片200克，口蘑60克，生菜、莳萝各适量

<u>调味料</u> 橄榄油、米醋、柠檬汁、白糖、芥末各适量

做法

1. 口蘑洗净，对半切开，焯水至熟。

2. 生菜、莳萝均洗净。

3. 将生菜垫在盘底，然后放上烟熏三文鱼片、口蘑、莳萝。

4 取一小碟，加入橄榄油、米醋、柠檬汁、白糖、芥末，拌匀，调成料汁，淋在盘中食材上即可。

口蘑　　　　生菜

营养功效：此道沙拉爽口美味，有滋养身体、补脑益智的作用。

鲜虾鳄梨盏
滋阴润燥

原材料 鳄梨100克，虾80克，西红柿80克，葱花少许，奶油适量

调味料 沙拉酱、鱼子酱各适量

做法

1. 鳄梨洗净，取果肉切块，果皮做成鳄梨盏。
2. 虾焯水至熟，剥去壳，取虾仁。
3. 西红柿洗净，切小块。
4. 将西红柿块、鳄梨块、虾仁放入碗中，加奶油、沙拉酱搅拌，再加鱼子酱拌匀，装入鳄梨盏中，最后撒上葱花即可。

蟹柳沙拉
降低血糖

原材料 蟹柳条260克，香菜叶适量

调味料 橄榄油、柠檬汁、胡椒粉、盐各适量

做法

1. 蟹柳条去外衣，切小块，焯水至八成熟；香菜叶洗净，切好。
2. 将蟹柳块和香菜叶装盘。
3. 取一小碟，加入橄榄油、柠檬汁、胡椒粉、盐，搅拌均匀，调成料汁。
4. 将调好的料汁淋入盘中食材上即可。

三文鱼水果沙拉

补血养颜

原材料 烟熏三文鱼50克，葡萄柚、橙子各40克，芝麻菜、紫罗勒、甜菜、石榴籽各适量

调味料 油醋汁、橄榄油、沙拉酱、芥末酱各适量

做法

1. 烟熏三文鱼切薄片。

2. 葡萄柚、橙子均去皮，取果肉；芝麻菜、紫罗勒、甜菜分别洗净。

3. 将上述食材分别放入碗中，淋上油醋汁，加入少许橄榄油搅拌均匀，然后撒上石榴籽。

4. 食用时加上沙拉酱、芥末酱即可。

葡萄柚　　　橙子

营养功效: 葡萄柚能够滋养组织细胞，增加体力，舒缓支气管炎，利尿，振奋精神，舒缓压力。

鸡蛋三文鱼沙拉
滋阴润燥

原材料 熟鸡蛋350克，烟熏三文鱼、水芹叶、莳萝各适量

调味料 沙拉酱、白醋、白糖、盐各适量

做法

1. 熟鸡蛋剥壳，对半切开，将蛋黄取出；水芹叶洗净。
2. 烟熏三文鱼切小块，与蛋黄一同放入小碗内，再加白醋、白糖、盐、莳萝拌匀成馅。
3. 将馅舀入鸡蛋白中，挤上沙拉酱。
4. 在沙拉上饰以水芹叶即可。

章鱼沙拉
降低血糖

原材料 章鱼350克，生菜、红椒各适量

调味料 油醋汁、辣椒面各适量

做法

1. 生菜洗净；红椒洗净切段。
2. 章鱼洗净，去筋膜，切条，氽熟。
3. 将生菜铺在盘底，然后放入章鱼条和红椒段。
4. 取一小碗，倒入油醋汁、辣椒面，拌匀，调好，食用前淋在沙拉上即可。

生菜　　　　红椒

黄瓜鸡蛋鱿鱼沙拉

补血养颜

原材料 鱿鱼320克，黄瓜、熟鸡蛋、生菜各适量

调味料 沙拉酱适量

做法

1. 黄瓜洗净，切条备用；熟鸡蛋剥壳，然后将其切碎；生菜洗净，沥干多余的水分；鱿鱼洗净，剔除筋膜，然后切长条。

2. 锅中注水烧开，然后将鱿鱼放入锅中焯熟。

3. 将生菜铺在盘底，放入鱿鱼条、黄瓜条和熟鸡蛋，再淋入沙拉酱即可。

鱿鱼

黄瓜

营养功效： 鱿鱼除了富含蛋白质及人体所需的氨基酸外，还是含有大量牛磺酸的一种低热量食物，可抑制血中的胆固醇含量。

三文鱼沙拉

健脾养胃

原材料 三文鱼肉1块，柠檬1片，生菜、樱桃萝卜、蕃茜、莳萝各适量

调味料 柠檬烧肉酱、洋葱汁、胡椒、芥菜子各适量

做法

1. 生菜、蕃茜、莳萝均洗净；樱桃萝卜洗净，用铣刀铣花。

2. 三文鱼肉洗净，均匀涂抹柠檬烧肉酱腌渍30分钟备用。

3. 将鱼肉放在网架上烤，两面不断涂酱，烤约12分钟至熟；所有原材料装盘，撒胡椒和芥菜子，淋入洋葱汁。

柠檬

生菜

营养功效： 三文鱼的营养价值是很高的，三文鱼的营养价值还具有一个饮食理想值的"黄金比例"。儿童胃肠弱，吃三文鱼最好熟吃。

鲜虾面条沙拉

补血养颜

原材料 面条130克，鲜虾仁、胡萝卜丝、荷兰豆、小棠菜、薄荷各适量

调味料 黑胡椒粉2克，橄榄油、千岛酱、盐各适量

做法

1. 荷兰豆洗净，切好；小菠菜、薄荷均洗净，沥干水分备用；鲜虾仁氽水；胡萝卜丝、荷兰豆、小棠菜均焯水。

2. 锅中注水，加少许盐，放入面条，煮约8分钟至熟。

3. 面条捞出过冷水，沥干水后放入碗中，拌入适量橄榄油，再放入鲜虾仁、胡萝卜丝、荷兰豆、小棠菜、薄荷，撒上黑胡椒粉，待食用时，淋上千岛酱即可。

营养功效： 荷兰豆含有丰富的碳水化合物、蛋白质、胡萝卜素和人体必需的氨基酸。

酥炸凤尾鱼沙拉

滋阴润燥

原材料 凤尾鱼、虾仁、干鱿鱼各适量，生菜20克

调味料 沙拉酱、盐、红酒、醋、油各适量

做法

1. 生菜洗净，铺在碗中；凤尾鱼去内脏，洗净；虾仁洗净；干鱿鱼浸泡30分钟捞出，去外膜，切粗丝；凤尾鱼、虾仁用盐、红酒、醋腌1小时。

2. 锅中注油，烧热，放入凤尾鱼、虾仁、鱿鱼丝炸香。

3. 将炸好的凤尾鱼、虾仁、干鱿鱼倒在生菜上，再淋入沙拉酱即可。

果蔬虾仁沙拉

降低血糖

原材料 虾仁35克，青提、苹果、芝麻菜、生菜、醋草各适量

调味料 沙拉酱、胡椒粉、油各适量

做法

1. 苹果洗净，切块；青提洗净，沥干水备用；芝麻菜、生菜、醋草均洗净备用；虾仁洗净后控干水分。

2. 将虾仁放入油锅中滑油。

3. 将所有原材料装入盘中，撒入少许胡椒粉调味，再淋入沙拉酱即可。

虾仁　　苹果

樱桃萝卜玉米沙拉

补血养颜

原材料 樱桃萝卜100克，黄瓜20克，玉米粒30克，葱5克

调味料 醋5毫升，白糖、橄榄油各适量

做法

1. 樱桃萝卜洗净，切成小片；黄瓜洗净切片；玉米粒洗净，入开水焯熟，捞出备用；葱洗净切碎。

2. 取一盘，将以上材料装入盘中。

3. 加入橄榄油、白糖、醋拌匀即可。

樱桃萝卜　　　　黄瓜

营养功效： 樱桃萝卜性凉，味甘、辛，有除燥生津、解毒散淤、通气宽胸、促进消化、止咳化痰、止泄、利尿等功效。它还能促进胃肠蠕动，帮助身体排出毒素，有利于美容养颜。

柠香蔬菜沙拉
滋阴润燥

原材料 圣女果100克，黄瓜50克，生菜15克，熟鹌鹑蛋2个

调味料 黑胡椒、柠檬汁、橄榄油、醋、盐各适量

做法

1. 熟鹌鹑蛋剥壳，洗净，切成块；黄瓜洗净切片；生菜洗净，撕成片；圣女果洗净，切瓣。
2. 取一盘，将鹌鹑蛋、圣女果瓣、黄瓜片、生菜装入盘中。
3. 加入橄榄油、柠檬汁、盐、黑胡椒、醋拌匀即可食用。

圣女果沙拉
降低血糖

原材料 圣女果100克，乳酪50克，罗勒叶少许

调味料 蜂蜜适量

做法

1. 圣女果洗净，切成块。
2. 将圣女果放入盘中。
3. 将乳酪捏成圆形。
4. 取一盘，放上圣女果块和乳酪。
5. 放上罗勒叶，淋上蜂蜜即成。

圣女果　　　　　罗勒叶

洋葱奶酪沙拉

补血养颜

原材料 胡萝卜30克，甜菜根30克，洋葱10克，奶酪条30克

调味料 橄榄油、盐、醋各适量

做法

1. 胡萝卜洗净，去皮，切成丁；甜菜根洗净切成小块；洋葱洗净切成小块。

2. 锅中加适量水烧开，把切好的胡萝卜丁、甜菜根块倒入水中，焯至熟透。

3. 焯好的材料捞出，取一盘，放入以上所有食材。

4. 把奶酪条倒入碗中，加入橄榄油、盐和醋，拌匀即可。

胡萝卜　　　　洋葱

营养功效： 洋葱含有一种叫硒的抗氧化剂，可使人体产生大量的谷胱甘肽，能让癌症发生率大大下降。

216

苗苣甜菜根沙拉

滋阴润燥

原材料 苗苣20克，甜菜根70克，甜橙、核桃仁、芝麻菜、罗勒叶碎各适量
调味料 千岛酱适量

做法

1. 苗苣、芝麻菜均洗净，沥干多余的水分备用。

2. 甜菜根洗净，削皮，切片，焯水；甜橙洗净，去皮，切块。

3. 将苗苣铺在盘底，然后摆入甜菜根片、甜橙块、核桃仁、芝麻菜。

4. 将千岛酱倒入碗中，然后加入罗勒叶碎，搅拌均匀，将调好的千岛酱拌入食材中即可。

生菜鳄梨沙拉

降低血糖

原材料 西红柿70克，生菜、鳄梨、黄瓜各适量
调味料 盐3克，橄榄油、醋、白糖各适量

做法

1. 西红柿洗净，切块；黄瓜洗净，切厚片；生菜洗净，沥干水分；鳄梨洗净，去皮去核，切小块。

2. 将生菜均匀铺在碗底，然后加入西红柿块、黄瓜片、鳄梨块。

3. 取一小碟，加入橄榄油、醋、盐、白糖，拌匀，调成料汁。

4. 将调好的料汁淋在食材上即可。

薄荷圣女果沙拉
滋阴润燥

原材料 圣女果170克，薄荷叶适量

调味料 橄榄油、白醋、葡萄酒各适量

做法

1. 圣女果用水洗净，去掉蒂，对半切开；薄荷叶洗净。

2. 将准备好的圣女果倒入碗中。

3. 加入橄榄油、白醋、葡萄酒搅拌均匀，以薄荷叶装饰即可。

圣女果

橄榄油

芝麻菜沙拉
降低血糖

原材料 芝麻菜60克

调味料 橄榄油、盐、醋各适量

做法

1. 芝麻菜洗净，沥干水分。

2. 取一盘，将芝麻菜装入盘中。

3. 加入适量橄榄油、盐、醋搅拌均匀。

4. 待食用时，再根据个人喜好加入其他调味料。

芝麻菜

橄榄油

小黄瓜奶酪沙拉

补血养颜

原材料 小黄瓜1根，薄荷叶10克，韭菜10克，奶酪、黑芝麻、熟松仁各适量

调味料 橄榄油适量

做法

1. 洗净的小黄瓜竖着切成薄片。

2. 奶酪中加入黑芝麻，拌匀。

3. 将黄瓜片卷成圆柱形，用洗净的韭菜系件，摆在盘中，放入奶酪，放上薄荷叶，浇上橄榄油，撒入熟松仁。

薄荷叶

韭菜

营养功效：薄荷营养丰富，春、夏季可采其嫩茎食用，是祛暑化浊的佳疏。薄荷叶具有疏散风热、清利头目、利咽喉、理气的功效。

黄瓜豌豆沙拉
滋阴润燥

原材料 黄瓜200克，带叶樱桃萝卜100克，豌豆适量

调味料 橄榄油、盐、白醋各适量

做法

1. 黄瓜洗净，切长片；带叶樱桃萝卜洗净，切片。
2. 豌豆洗净，焯熟。
3. 将以上食材放入盘内。
4. 加入橄榄油、盐、白醋，拌匀即可。

黄瓜

樱桃萝卜

甜菜根豌豆沙拉
降低血糖

原材料 甜菜根220克，豌豆、老黄瓜、甜菜叶各适量

调味料 苹果醋、橄榄油、盐各适量

做法

1. 将甜菜根削皮，洗净，切丝；老黄瓜洗净，切丁；豌豆、甜菜叶均洗净。
2. 将甜菜根丝、豌豆放入锅中煮约7分钟，捞出放入盘中。
3. 再放入老黄瓜丁和甜菜叶。
4. 加入苹果醋、橄榄油、盐，拌匀即可食用。

甜椒菜花沙拉

补血养颜

原材料 红甜椒、黄甜椒各30克，菜花、圣女果、鹰嘴豆、黄瓜、生菜各适量

调味料 橄榄油、柠檬汁、盐、白糖各适量

做法

1. 红甜椒、黄甜椒均洗净，切小块；菜花洗净，掰成小朵；圣女果洗净，对半切开；鹰嘴豆（提前泡发）、生菜均洗净，沥干水分；黄瓜洗净，切小块。

2. 将菜花、鹰嘴豆分别放入沸水锅中焯熟；然后将生菜叶紧贴着杯壁，放入杯中。

3. 再将红甜椒块、黄甜椒块、菜花、圣女果、黄瓜块、鹰嘴豆放入杯中。

4. 取一小碟，加入橄榄油、柠檬汁、盐、白糖，拌匀，调成料汁，淋在杯中即可。

营养功效： 菜花性平味甘，有健脾养胃、清肺润喉的作用。

西红柿奶酪沙拉

补血养颜

原材料 西红柿200克，奶酪150克，薄荷叶适量

调味料 橄榄油、胡椒粉、醋各适量

西红柿　　薄荷叶

做法

1. 西红柿洗净，切成圆形厚片；奶酪切成厚片。

2. 取一盘，放上西红柿片。

3. 将奶酪片隔层放入西红柿片中间。

4. 放上薄荷叶，撒上胡椒粉，淋上橄榄油、醋，拌匀即可。

营养功效：奶酪（其中的一类也叫干酪）是一种发酵的牛奶制品，其性质与常见的酸牛奶有相似之处，都是通过发酵过程来制作的，也都含有具有保健功效的乳酸菌，但是奶酪的浓度比酸奶更高。

南瓜刺山柑沙拉

滋阴润燥

原材料 南瓜、芝麻菜、刺山柑、白芝麻、葱花各适量

调味料 盐3克，橄榄油、醋、白糖各适量

做法

1. 南瓜洗净，削皮，切小块，焯熟。
2. 芝麻菜、刺山柑均洗净。
3. 将南瓜块、芝麻菜、刺山柑装入盘中，放入葱花和白芝麻，再加入橄榄油、醋、盐、白糖拌匀即可。

南瓜　　　　白芝麻

蛋黄酱西红柿盏

降低血糖

原材料 西红柿1个，蒜5克，芹菜叶适量
调味料 盐、蛋黄酱、椰浆各适量

做法

1. 将西红柿洗净，将上部1/3切去，并将西红柿内的瓤肉挖干净。
2. 蒜去皮，洗净，切末；芹菜叶洗净，切碎。
3. 取一小碗，倒入适量蛋黄酱，拌入蒜末、芹菜叶碎，再加少许椰浆、盐调匀。
4. 将调好的酱用勺舀入西红柿内即可。

胡萝卜核桃仁沙拉

补血养颜

原材料 胡萝卜200克，核桃仁100克，生菜、西芹各适量

调味料 橄榄油、盐、醋各适量

做法

1. 胡萝卜洗净，切丝；核桃仁洗净，沥干水分；生菜洗净，切丝；西芹洗净，切片，焯水。

2. 取一小碟，将橄榄油、盐、醋装入碟中，拌匀，调成料汁。

3. 将清理干净的胡萝卜丝、核桃仁、生菜丝、西芹片装入盘中。

4. 淋上调好的料汁拌匀即可。

胡萝卜

核桃仁

营养功效： 核桃含丰富的磷脂和赖氨酸，对长期从事脑力劳动或体力劳动者，能有效补充脑部营养。

胡萝卜甜菜根沙拉

滋阴润燥

原材料 胡萝卜150克，甜菜根150克

调味料 沙拉酱适量

做法

1. 胡萝卜洗净去皮，先切条，再切成丁；甜菜根洗净去皮，先切条，再切成丁。

2. 锅中加适量清水烧开，倒入切好的胡萝卜丁和甜菜根丁，煮至熟透。

3. 将煮好的胡萝卜丁和甜菜根丁捞出，盛入碗中，备用；倒入适量沙拉酱，拌匀，再倒入盘中即可。

胡萝卜圆白菜沙拉

降低血糖

原材料 胡萝卜适量，圆白菜120克，柠檬1个，鲜奶油适量

调味料 沙拉酱适量

做法

1. 圆白菜洗净，切丝；胡萝卜洗净，削皮，切丝；柠檬洗净取汁。

2. 将圆白菜丝和胡萝卜丝装入碗中。

3. 取一小碗，加入沙拉酱、鲜奶油、柠檬汁，搅拌均匀；将调好的酱料拌入碗中食材即可。

胡萝卜　　　　圆白菜

哈密瓜熏火腿沙拉

美白护肤

原材料 哈密瓜220克，熏火腿、马苏里拉奶酪、薄荷叶、香草碎各适量

调味料 橄榄油、红酒醋、橙汁、黑胡椒粉各适量

做法

1. 哈密瓜洗净，削皮，用铁勺挖小球；熏火腿略加清洗，切薄片；马苏里拉奶酪切小块。

2. 将哈密瓜球、熏火腿片、奶酪块摆入盘中。

3. 取一小碟，加入橄榄油、橙汁、红酒醋，拌匀，调成料汁。

4. 将调好的料汁淋在盘中，然后撒上香草碎和黑胡椒粉，用洗净的薄荷叶点缀即可。

营养功效： 火腿内含丰富的蛋白质和适度的脂肪，多种维生素和矿物质；火腿制作经冬历夏，经过发酵分解，各种营养成分更易被人体所吸收。

圣女果午餐肉沙拉

健胃消食

原材料 圣女果90克，烤火腿肠2根，午餐肉1块，全麦面包1片，香菜叶适量

调味料 沙拉酱、番茄酱各适量

做法

1. 将圣女果清洗干净，切成块备用；将烤火腿肠一切为二；香菜叶洗净。

2. 将圣女果块摆入盘中，拌入适量沙拉酱，再饰以香菜叶。

3. 将烤火腿肠依次排开，摆在盘中，抹上适量番茄酱。

4. 在盘子的一边放1片全麦面包，然后再将午餐肉摆在全麦面包上即可。

营养功效： 火腿肠含有供给人体需要的蛋白质、脂肪、碳水化合物、各种矿物质和维生素等营养，具有吸收率高、适口性好、饱腹性强等优点，还适合加工成多种佳肴。

火腿西红柿沙拉
滋阴润燥

原材料 火腿300克，西红柿60克，香菜叶适量

调味料 盐2克，沙拉酱、胡椒粉各适量

做法

1. 将火腿洗净，沥干水分后切片；西红柿洗净，切块；香菜叶洗净。

2. 先将火腿片摆入盘中，再放入西红柿块、香菜叶。

3. 取一小碗，里面加入沙拉酱、盐、胡椒粉拌匀。

4. 食用时，将调匀的沙拉酱拌入食材中即可。

火腿

西红柿

营养功效： 火腿含丰富的蛋白质和多种矿物质，且易被人体吸收，具有养胃生津、益肾壮阳的作用。

豆腐鸡脯肉沙拉
温中补脾

原材料 鸡脯肉、豆腐、青提、凉薯、白芝麻各适量

调味料 盐1克，芥菜子、色拉油、醋各适量

做法

1. 豆腐洗净，切小块；青提洗净，剥皮，对半切开；凉薯洗净，去皮，一半切小条，一半切片。

2. 鸡脯肉洗净，切好，放入炖锅中隔水蒸熟取出；将上述食材装入碗中。

3. 取一小碟，里面加入色拉油、盐、醋、芥菜子、白芝麻拌匀，调成料汁；将调好的料汁淋在食材上即可。

冬瓜鸡肉沙拉
补肾益精

原材料 鸡肉350克，熟鸡蛋1个，冬瓜、玉米粒、香菜碎、莳萝末各适量

调味料 蒜蓉沙拉酱适量

做法

1. 熟鸡蛋剥壳后切成4小块。

2. 冬瓜洗净，去皮，切丁。

3. 玉米粒洗净后沥干水分；将玉米粒、冬瓜丁焯水至熟，捞出备用；鸡肉洗净，切小块，放入锅中煮熟后捞出。

4. 将上述食材一一放入瓷盆中，然后再加入少许香菜碎和莳萝末。

5. 待食用时再拌入蒜蓉沙拉酱即可。

香肠黄瓜沙拉

增进食欲

原材料 香肠130克，黄瓜、生菜、香菜叶各适量，蛋黄碎少许

调味料 椰子酱、沙拉酱各适量

做法

1. 香肠略加清洗，蒸熟，然后切成长条；黄瓜洗净，切长条。

2. 将生菜、香菜叶均洗干净，控干水分备用；将生菜铺在盘底，然后放入香肠条。

3. 将沙拉酱装入裱花袋中，均匀地挤在香肠条上，再在香肠上面放入黄瓜条，在黄瓜条上面堆上适量蛋黄碎。

4. 将椰子酱装入裱花袋中，均匀地挤在蛋黄碎上，最后在沙拉上面饰以香菜叶即可。

> **营养功效：** 黄瓜中所含的葡萄糖苷、果糖等不参与通常的糖代谢，故糖尿病患者以黄瓜代淀粉类食物充饥，血糖非但不会升高，甚至会降低。

无花果熏火腿沙拉

补气解热

原材料 熏火腿260克，无花果、芝麻菜、黑橄榄、罗望子各适量

调味料 盐2克，胡椒粉1克，沙拉酱、红酒醋各适量

做法

1. 熏火腿洗净，沥干水分后切薄片；无花果洗净，切块；黑橄榄洗净，去核；芝麻菜、罗望子均洗净。

2. 将熏火腿、无花果、黑橄榄、芝麻菜、罗望子依次摆入盘中。

3. 取一小碗，加入沙拉酱、红酒醋、盐、胡椒粉，拌均匀，调成酱汁。

4. 待食用时，将调拌好的酱汁拌入盘中即可。

营养功效：黑橄榄营养丰富，其中维生素C的含量是苹果的10倍，是梨、桃的5倍。其含钙量也很高，而且容易被人体吸收。黑橄榄中含有大量鞣酸、挥发油和杏树脂醇等，具有滋润咽喉、抗炎消肿的作用。

千层沙拉

祛斑美白

原材料 全麦面包半个，西红柿80克，熏火腿、口蘑、罗勒叶、柠檬、甜椒碎各适量

调味料 沙拉酱、黑胡椒碎、辣椒粉各适量

做法

1. 西红柿洗净，切厚片；熏火腿略加清洗，然后切薄片；口蘑洗净，切片，然后放入沸水中焯熟；柠檬洗净，切片；罗勒叶洗净，沥干水备用。

2. 将半个全麦面包放入盘中，再依次摆上罗勒叶、西红柿片、熏火腿片、口蘑片。

3. 撒上甜椒碎、黑胡椒碎、辣椒粉；把切好的柠檬片摆在盘边；待食用时，拌入沙拉酱即可。

> **营养功效：** 全麦面包颜色微褐，肉眼能看到很多麦麸的小粒。它的营养价值比白面包高，是因为含有丰富粗纤维、维生素 E 以及锌、钾等矿物质。

烤猪肉沙拉
滋阴润燥

原材料 烤猪肉200克，圣女果、芝麻菜各适量

调味料 番茄酱适量

做法

1. 圣女果洗净，对半切开；芝麻菜洗净，沥干水分备用。
2. 将烤猪肉串在铁签上，摆在盘中。
3. 再将圣女果和芝麻菜摆好。
4. 待食用时，再拌入番茄酱即可。

猪肉　　圣女果

猪肉紫甘蓝沙拉
补虚强身

原材料 猪肉270克，紫甘蓝、菊苣叶、葱白、盐灼虾各适量

调味料 盐2克，白胡椒粉3克，橄榄油、沙拉酱、柠檬汁、醋各适量

做法

1. 紫甘蓝洗净，择好；菊苣叶、葱白均洗净；猪肉洗净，切块。
2. 锅中注入橄榄油，烧热，放入猪肉，煎熟后盛出。
3. 将紫甘蓝铺在盘底，再放入猪肉块、葱白、菊苣叶、盐灼虾。
4. 加入白胡椒粉、盐、柠檬汁、醋，拌匀，添加沙拉酱即可。

培根芦笋沙拉

防癌抗癌

原材料 芦笋70克，培根、鸡蛋各适量
调味料 橄榄油、沙拉酱、盐各适量

做法

1. 将鸡蛋打入瓷杯中，放少许盐，然后放入微波炉中加热至七分熟。

2. 芦笋洗净，放入沸水锅中焯熟；用培根将芦笋紧紧包住（可用牙签固定）；摆入烤盘，刷一层橄榄油。

3. 放入烤箱，以200℃的炉温烤约15分钟；将烤好的培根芦笋卷放入盘中。

4. 再摆入加热好的鸡蛋；待食用时，再拌入沙拉酱即可。

芦笋　　　　　鸡蛋

营养功效： 芦笋的蛋白质成分中含有人体所必需的各种氨基酸，含量比例符合人体需要，矿物质元素中有较多的硒、钼、锰等微量元素。

鸡肉卷沙拉
补肾益精

原材料 鸡肉130克，黄芽白、火腿片、核桃碎、米线各适量

调味料 沙拉酱、盐、黑胡椒粉、料酒、油醋汁、蒜油各适量

做法

1. 黄芽白洗净，横刀切厚片，摆盘；鸡肉洗净，用盐、料酒、黑胡椒粉腌好，氽水。

2. 在氽熟的鸡肉上撒上核桃碎，用火腿片盖好，再用韧性好的米线将整块鸡肉缠好；将鸡肉卷涂上蒜油后放入烤箱中烤至焦黄。

3. 取出鸡肉卷，待凉后放入盘中；取适量油醋汁，淋在鸡肉卷上，再淋上沙拉酱即可。

> **营养功效**：鸡肉所含有的脂肪酸多为不饱和脂肪酸，极易被人体吸收，还含有多种维生素、钙、磷、锌、铁、镁等成分。

苹果鸡肉沙拉

益气养血

原材料 鸡肉120克，苹果、哈密瓜、莴笋各60克，生菜40克

调味料 盐、蛋黄酱各适量

做法

1. 苹果洗净，去核，切小块；莴笋去皮，洗净后切小块，煮熟；哈密瓜洗净，去皮、瓤，切小块；生菜洗净，铺在盘中。

2. 取净锅，加水，放入少许盐煮沸，入鸡肉煮熟，再取出切块。

3. 将鸡肉块、苹果块、莴笋块、哈密瓜块放入碗中，加蛋黄酱拌匀。

4. 倒在生菜上即可。

鸡肉　　　　　苹果

营养功效： 莴笋中含有一定量的微量元素锌和铁，特别是其中的铁元素很容易被人体吸收。

香辣牛舌沙拉
补脾益胃

原材料 牛舌200克，冬瓜、黄瓜、胡萝卜、红椒、姜片、葱段、白芝麻各适量

调味料 蒜蓉沙拉酱适量

做法

1. 冬瓜洗净，去皮切厚片；黄瓜洗净，切长条；胡萝卜洗净，切薄片；红椒洗净，切细条；牛舌洗净。

2. 锅中注水，放入姜片，水滚后入牛舌汆熟；趁热将牛舌上面的白膜撕掉，切长条备用。

3. 冬瓜、黄瓜、胡萝卜、红椒、牛舌放碗中，撒葱段和白芝麻。

4. 待食用时，拌入蒜蓉沙拉酱即可。

熏肉蔬菜沙拉
补肾养血

原材料 熏肉90克，上海青、苦苣、红生菜、洋葱、西红柿、面包、白萝卜、青椒各适量

调味料 橄榄油、醋、芥末酱、盐、胡椒粉各适量

做法

1. 熏肉洗净切片；上海青、苦苣、红生菜均洗净；洋葱洗净，切片；西红柿洗净，切块；面包切小块。

2. 白萝卜洗净，削皮，切成长条；青椒洗净，去籽后切成圈。

3. 上述食材置碗中，加入橄榄油、醋、芥末酱、盐、胡椒粉拌匀即可。

生菜肉扒沙拉

抵抗病毒

原材料 肉扒2块，生菜、圣女果各适量

调味料 橄榄油、柠檬汁、盐、胡椒粉、沙拉酱各适量

做法

1. 圣女果洗净，将其中一半切好；生菜洗净，沥干水分。

2. 肉扒洗净，用柠檬汁、橄榄油、盐、胡椒粉腌好，入冰箱冷冻3小时，将其解冻后再烤至两面焦黄。

3. 将生菜摆在盘子的一边，然后再将烤好的肉扒、圣女果摆好；待食用时，再淋入沙拉酱即可。

无花果熏肉沙拉

健胃清肠

原材料 无花果100克，熏肉80克，生菜、红生菜各40克

调味料 盐3克，醋6毫升，沙拉酱适量

做法

1. 无花果洗净，切瓣。

2. 生菜、红生菜分别洗净。

3. 熏肉切成薄片。

4. 将无花果瓣、生菜、红生菜、熏肉片均放入碗中，撒上少许盐，再加入醋调味。

5. 食用时加沙拉酱拌匀即可。

土豆火腿肠沙拉

降低血糖

原材料 黄瓜、土豆各150克，火腿肠、洋葱、香葱段、蒜蓉、奶油各适量

调味料 橄榄油、盐各适量

做法

1. 黄瓜、土豆分别洗净，去掉皮，切成丁；将火腿肠切成小块。

2. 洋葱用清水清洗干净，切成丁以后焯水备用；将土豆丁放入锅中，煮约4分钟至熟。

3. 将黄瓜丁、土豆丁、洋葱丁、火腿肠块、香葱段均放入盘中，加入橄榄油、奶油、蒜蓉、盐拌匀即可。

营养功效： 黄瓜中含有的葫芦素C具有提高人体免疫功能的作用；黄瓜中含有丰富的维生素E，可起到延年益寿的作用。

美味寿司
Mei Wei Shou Si

寿司是日本人最喜爱的传统食物之一。制作寿司时，把新鲜的海胆、鲍鱼、牡丹虾、扇贝、三文鱼、鳕鱼、金枪鱼等海鲜切成片，放在雪白香糯的饭团上，揉捏之后再抹上鲜绿的芥末酱，最后放到古色古香的瓷盘中。

葱剁三文鱼手卷
降低血脂

原材料 三文鱼肉100克，珍珠米200克，紫菜1张，葱段10克

调味料 寿司醋30毫升，盐5克，芥末、酱油各适量

做法

1. 三文鱼肉切片；珍珠米煮熟。

2. 米饭盛出，调入寿司醋、盐拌匀；用紫菜将食材卷成形，调入调味料。

紫咸菜寿司
滋阴润肺

原材料 米饭150克，紫咸菜50克，烤紫菜1张

调味料 寿司醋、绿芥末、酱油各适量

做法

1. 米饭与寿司醋拌成寿司饭。

2. 将烤紫菜摊平，放上寿司饭，涂一层绿芥末，放入紫咸菜卷好，分切成6段；配以酱油食用即可。

三文鱼寿司

健脾养胃

原材料 三文鱼30克，寿司米50克，寿司姜适量

调味料 醋、芥末、酱油各适量

做法

1. 先将寿司米蒸熟，加入醋，拌匀置凉，即成寿司饭。

2. 将三文鱼肉去净刺，切成若干大小适中的薄片。

3. 取适量寿司饭捏成梯形饭团，将鱼片置于手掌上，放上饭团轻压，随后摆好即成。食用时佐以芥末、酱油、寿司姜。

三文鱼　　寿司米

三文鱼选购、储存技巧： 新鲜的三文鱼鱼鳞完好无损，透亮有光泽，鱼头短小，颜色乌黑而有光泽。储存时将三文鱼切成小块，用保鲜膜封好，再放入冰柜保鲜，以备随时取用。

大虾天妇罗卷

延缓衰老

原材料 大虾1只，寿司饭150克，海苔碎40克，蟹柳50克，蟹子、烤紫菜、天妇罗粉各适量

调味料 酱油12毫升，芥末5克，油适量

做法

1. 大虾洗净，均匀裹上天妇罗粉，下入油锅中炸熟，捞出沥油备用。

2. 取竹帘铺平，撒上海苔碎，倒上寿司饭铺平，将烤紫菜盖在上面，再将蟹柳、大虾天妇罗置于烤紫菜上，接着卷起，切成圆段，装入盘中。

3. 再将蟹子撒在寿司卷上，食用时蘸酱油、芥末即可。

营养功效： 海苔可以作为减肥食品，因为它热量低，不含糖分，而且含有大量纤维素，食用少量后即有饱胀感，可以减少其他食物的摄取量，因此还可以作为减肥者的充饥食品。

天妇罗卷
养血固精

原材料 寿司饭120克，虾仁50克，黑芝麻、生菜、天妇罗粉各适量

调味料 酱油15毫升，芥末5克，酱汁、油各适量

做法

1. 虾仁洗净，裹上天妇罗粉，下入油锅中炸熟；黑芝麻炒香；生菜洗净。

2. 取竹帘，撒上黑芝麻，将寿司饭放在上面铺平，再放上生菜后卷起，切3等份，装入盘中。

3. 再放上炸熟的虾仁天妇罗，浇上酱汁，蘸剩余调味料食用即可。

营养功效： 虾中含有十分丰富的钙、磷、铁、烟酸等。其中磷有促进骨骼、牙齿生长发育，加强人体新陈代谢的功能；铁可协助氧的运输，可预防缺铁性贫血，烟酸有益于皮肤健康，对舌炎、皮炎等症有预防作用。

鲛鱼寿司

降低血脂

原材料 鲛鱼肉80克，寿司饭80克，紫苏叶2片

调味料 酱油15毫升，醋少许，芥末5克

寿司饭

酱油

做法

1. 鲛鱼肉洗净，切片；紫苏叶洗净，擦干水分。

2. 双手洗净，将寿司饭捏成团，放在紫苏叶上，再将鲛鱼片放在上面。

3. 食用时，蘸酱油、醋、芥末即可。

营养功效： 每100克鱼肉含蛋白质193毫克、脂肪41毫克，肉肥而鲜美，无腥味，特别是鱼头内含有丰富的脂肪，营养价值很高。鱼肉除鲜食外，还可制成罐头和熏制品。

紫菜三文鱼寿司
健脑益智

原材料 三文鱼肉20克，寿司米40克，紫菜、奶油乳酪、寿司姜各适量
调味料 寿司醋、芥末、酱油各适量

做法

1. 先将寿司米蒸熟，加入寿司醋，拌匀置凉，即成寿司饭。
2. 将三文鱼肉的刺去净，切成若干大小适中的小块。
3. 取寿司饭捏成梯形饭团，将鱼块置于饭团中轻压，随后用紫菜将饭团包住，淋上奶油乳酪即成；食用时佐以芥末、酱油、寿司姜即可。

金枪鱼手卷
减肥美容

原材料 金枪鱼50克，寿司饭150克，紫苏叶5克，烤紫菜1/2张
调味料 芥末、酱油各适量

做法

1. 金枪鱼洗净，切片，放入冰水中浸泡10分钟；紫苏叶洗净。
2. 将烤紫菜平铺在手上，放上寿司饭，用手摊匀，垫上紫苏叶，再放上金枪鱼片，然后卷成圆锥状，再用寿司饭将接合处粘好。
3. 取芥末和酱油调成味汁，蘸食即可。

三文鱼海胆寿司

降低血脂

原材料 三文鱼肉120克，蟹子30克，海胆15克，寿司饭50克，紫苏叶1片，寿司姜5克

调味料 酱油、寿司醋各适量，芥末5克

做法

1. 三文鱼肉洗净，切成薄片。

2. 紫苏叶洗净，摆好放在碟中；将寿司饭握成团，放在紫苏叶上。

3. 将三文鱼肉叠放在寿司饭上，再将蟹子排在上面，最后放上海胆。

4. 食用时，蘸酱油、寿司醋、芥末、寿司姜即可。

三文鱼

寿司饭

营养功效： 海胆俗称"刺锅"，是无脊椎海洋珍品之一，可鲜食、煮食或做成汤食用，鲜美可口，营养丰富，可与海参、鲍鱼相媲美。

蟹子手卷

降低血糖

原材料 蟹子20克，黄瓜20克，寿司饭40克，烤紫菜1张

调味料 酱油、芥末各适量

做法

1. 将黄瓜洗净，切成大小适中的条状。

2. 取寿司饭握成饭团，放在铺好的烤紫菜左下角，然后从此角开始将饭团卷成圆锥状（接合处可用米饭粘好）。

3. 最后在卷成的卷内填上蟹子和黄瓜条，食用时佐以酱油和芥末。

黄瓜

寿司饭

三文鱼子寿司

健脑安神

原材料 烤紫菜、黄瓜、三文鱼子各40克，寿司饭150克

调味料 芥末5克，酱油15毫升，醋适量

做法

1. 黄瓜洗净，切片；洗净手，将烤紫菜放在竹帘上，均匀地铺上寿司饭，再卷起压实，切成2等份。

2. 将寿司卷放入盘中，放上黄瓜片、三文鱼子，食用时蘸调味料即可。

黄瓜

寿司饭

章鱼寿司
调节血压

原材料 寿司米50克，熟章鱼30克，烤紫菜1张，寿司姜适量

调味料 寿司醋、芥末各适量

做法

1. 先将寿司米蒸熟，加入寿司醋，拌匀置凉，即成寿司饭。
2. 将寿司饭均匀摊在铺于竹帘上的烤紫菜上，卷好切段，涂上芥末。
3. 把饭团摆好，有芥末的一面朝上，再把熟章鱼放在寿司饭上，最后用寿司姜装饰即可。

鳗鱼寿司
清热利水

原材料 烤鳗鱼100克，寿司米80克，紫菜条8克，白芝麻5克

调味料 寿司醋、芥末酱各适量

做法

1. 先将寿司米蒸熟，加入寿司醋，拌匀置凉，即成寿司饭。
2. 将烤鳗鱼切成条状，然后取适量寿司饭握成与鳗鱼条大小相近的团。
3. 将寿司饭团摆好，一面抹上芥末酱，并将烤鳗鱼置于其上，最后用紫菜条围住饭团中部，撒上白芝麻即可。

鳄梨蟹子手卷

益气养血

原材料 鳄梨50克，鸡腿80克，黄瓜30克，烤紫菜1/2张，蟹子15克，寿司饭150克

调味料 盐、芥末各适量，酱油15毫升

做法

1. 鳄梨洗净，去皮，切片；鸡腿洗净，然后放入盐水锅中煮熟，捞出，沥干水分，切块，剔去骨头；黄瓜洗净，切丝。

2. 将烤紫菜平铺在手上，放上寿司饭，用手摊匀，按顺序放上鳄梨片、黄瓜丝、鸡腿块。

3. 然后将紫菜卷成圆锥状，再用寿司饭将接合处粘好，再摆上蟹子；取芥末和酱油调成味汁，蘸食即可。

营养功效： 鳄梨所含的脂肪大部属于不饱和脂肪酸（即含胆固醇少），极容易被消化吸收，消化率高达93%，更适宜年老体弱者调养身体食用。

大虾天妇罗寿司

益气壮阳

原材料 大虾30克，天妇罗粉40克，寿司米50克，紫菜条8克，蟹子适量，奶油、乳酪各10克

调味料 寿司醋、油各适量

做法

1. 大虾洗净备用；将天妇罗粉和水以1：1.5的比例打糊，把大虾放在天妇罗粉糊中沾裹，入油锅炸至金黄色。

2. 将寿司米蒸熟，加入寿司醋，拌匀置凉，即成寿司饭。

3. 取适量的寿司饭握成大小均匀的团，摆好；将炸好的大虾放置其上，然后用紫菜条包住饭团，最后点缀奶油、乳酪、蟹子即可。

营养功效： 虾为补肾壮阳的佳品，对肾虚阳痿、腰膝酸软、四肢无力、产后缺乳等症，均有很好的改善作用，经常食虾，还可延年益寿。

蟹柳寿司

健脾养胃

[原材料] 寿司饭100克，烤紫菜30克，腌萝卜、黄瓜、蟹柳各20克，鱼松粉10克，海苔碎适量

[调味料] 酱油10毫升，芥末5克

做法

1. 腌萝卜、黄瓜用水洗净，切条；蟹柳洗净。

2. 将竹帘放平，撒上海苔碎，放上寿司饭，将烤紫菜盖在寿司饭上压平，再放上腌萝卜条、黄瓜条、蟹柳，撒上鱼松粉后，卷起，切成圆柱状。

3. 将切好的寿司卷装入盘中，食用时蘸酱油、芥末即可。

干瓢寿司

聪耳明目

[原材料] 米饭150克，干瓢50克，烤紫菜1张

[调味料] 寿司醋、酱油、芥末各适量

做法

1. 米饭与寿司醋拌匀成寿司饭；干瓢洗净，备用。

2. 将烤紫菜放在竹帘上摊平，放上寿司饭，再入干瓢卷好后，分切成6段。

3. 配以酱油、芥末食用即可。

大虾寿司

通乳抗毒

原材料 寿司米50克，大虾30克
调味料 寿司醋适量，芥末酱10克

做法

1. 大虾去头、脚，洗净，剖开成两半。

2. 将寿司米蒸熟，加入寿司醋，拌匀置凉，即成寿司饭。

3. 取适量的寿司饭捏成梯形饭团，然后将备好的大虾置于其上，食用时蘸芥末酱即可。

寿司米

大虾

鲜虾的储存： 鲜虾可先汆水后再储存，即在入冰箱储存前，先用开水或油汆一下，这样可使虾的红色固定，鲜味持久。

鱿鱼寿司

增强免疫力

原材料 鱿鱼40克，寿司米60克，山葵、寿司姜、蟹子各适量，紫苏叶2片

调味料 寿司醋、酱油各适量

做法

1. 先将寿司米蒸熟，加入寿司醋，拌匀置凉，即成寿司饭。

2. 紫苏叶洗净、擦干；将鱿鱼切成大小均匀的条状；取适量的寿司饭握成与鱿鱼条大小相近的团。

3. 把饭团置于紫苏叶上摆好，再将鱿鱼条放置其上，最后点缀少许蟹子即可，佐以山葵、酱油和寿司姜食用。

醋鲭鱼寿司

滋补强身

原材料 醋鲭鱼100克，寿司饭120克，洋葱、红椒各适量

调味料 醋、酱油、芥末各适量

做法

1. 醋鲭鱼洗净，在鱼的一面打上花刀，入蒸锅蒸熟备用；洋葱、红椒洗净，切圈。

2. 双手洗净，将寿司饭捏成团，放入盘中，将醋鲭鱼放其上，鱼上面用洋葱、红椒点缀。

3. 食用时，蘸醋、酱油、芥末即可。

大虾天妇罗手卷
开胃化痰

原材料 大虾1只，烤紫菜1/2张，寿司饭150克，紫苏叶3克，天妇罗粉10克

调味料 盐、味精各3克，生抽10毫升，油适量

做法

1. 大虾剥去外壳，去除虾线洗净，用盐、味精、生抽腌10分钟，再裹上天妇罗粉，入油锅炸熟，捞起，沥干油分。
2. 烤紫菜平铺在手上，放上寿司饭，用手摊匀，垫上紫苏叶，再放上大虾。
3. 然后从烤紫菜的左下角卷起，卷成圆锥状，再用寿司饭将接合处粘好。

金枪鱼蟹棒寿司
健脾和胃

原材料 米饭100克，金枪鱼、蟹棒各40克，烤紫菜1张

调味料 酱油、沙拉酱各适量

做法

1. 将金枪鱼解冻，切成片；蟹棒洗净后备用；将金枪鱼、蟹棒一起加沙拉酱拌匀。
2. 米饭摊在竹帘上，铺上烤紫菜，再放上金枪鱼、蟹棒沙拉。
3. 将竹帘卷好后，取出，再分切成6段，配酱油食用即可。

金枪鱼寿司

保护肝脏

原材料 金枪鱼肉80克，寿司饭120克，紫苏叶2片

调味料 酱油、醋各8毫升，芥末5克

金枪鱼

寿司饭

做法

1. 金枪鱼肉洗净，切片；紫苏叶洗净，擦干水分，垫在盘中。

2. 双手洗净，将寿司饭捏成团，放在紫苏叶上，再将金枪鱼片置于其上。

3. 食用时，蘸酱油、醋、芥末即可。

营养功效： 紫苏叶有芳香清甘之味，人们常用鲜紫苏叶和嫩姜捣烂加盐拌白切猪肉、白切鸭肉食用；紫苏有行气健胃、发汗祛寒之作用。

鱿鱼须寿司

调节血糖

原材料 鱿鱼须80克，烤紫菜适量，寿司饭120克

调味料 酱油15毫升，醋适量，芥末5克

做法

1. 鱿鱼须洗净，切片；烤紫菜切成条。

2. 手洗净，将寿司饭捏成团，再与鱿鱼片一起用烤紫菜包起来，放入盘中。

3. 食用时，蘸调味料即可。

紫菜

寿司饭

营养功效： 鱿鱼的脂肪里含有大量的高度不饱和脂肪酸，肉中含大量牛磺酸，都可有效减少血管壁内所沉积的胆固醇，对预防血管硬化、胆结石都效果颇佳，同时能补充脑力、预防阿尔茨海默病等。

北极贝寿司
滋阴平阳

原材料 北极贝80克，寿司饭120克
调味料 醋、酱油各8毫升，芥末5克

做法

1. 将北极贝洗净，剔净取肉备用。
2. 洗净双手后，蘸凉开水，将寿司饭捏成团，放入盘中。
3. 再将北极贝放在饭团上，食用时蘸调味料即可。

寿司饭　　　酱油

金枪鱼苹果寿司
健胃消食

原材料 米饭150克，熟金枪鱼肉、苹果各50克，烤紫菜1张
调味料 沙拉酱、酱油各适量

做法

1. 将熟金枪鱼肉洗净，切碎；将苹果洗净，切块；将苹果块、金枪鱼碎用沙拉酱拌匀备用。
2. 将米饭铺在竹帘上，再铺上烤紫菜，放上拌好的苹果块和金枪鱼碎卷起，再切成小段。
3. 食用时蘸酱油即可。

虾状寿司

补肾壮阳

| 原材料 | 大虾2只，寿司饭120克 |
| 调味料 | 酱油10毫升，芥末5克，油适量 |

做法

1. 大虾洗净，将虾头与虾仁分开，将虾头入油锅炸熟，虾仁入锅煮熟备用。

2. 将寿司饭捏成饭团，放入盘中，再将饭团两端分别放上虾头与虾仁。

3. 食用时，蘸酱油与芥末即可。

大虾

寿司饭

虾肉应慎食：虾肉虽鲜美，但多食易引发旧病。虾为发物，凡有疮疡宿疾者或在阴虚火旺时，不宜食虾。食用虾类等水生甲壳类动物，同时服用大量的维生素C能够致人死亡。

熟虾黄瓜丝手卷
增强免疫力

原材料 熟虾50克，寿司饭150克，黄瓜50克，烤紫菜1/2张，紫苏叶适量

调味料 芥末、酱油各适量

做法

1. 熟虾剥去外壳，去除虾线，洗净，放入冰水中浸泡10分钟；紫苏叶洗净；黄瓜洗净，切丝。

2. 将烤紫菜平铺在手上，放上寿司饭，用手摊匀，垫上紫苏叶，放上黄瓜丝，再放上熟虾，卷成圆锥状，再用寿司饭将接合处粘好。

3. 取芥末和酱油调成味汁，蘸食即可。

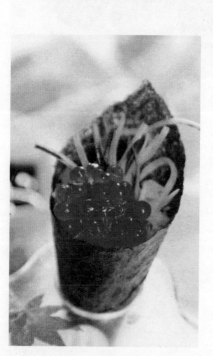

三文鱼子手卷
健脾养胃

原材料 三文鱼子50克，米饭150克，黄瓜50克，烤紫菜1/2张

调味料 米醋、酱油各10毫升，砂糖8克，盐3克，芥末适量

做法

1. 黄瓜洗净，切丝；米饭趁热放入米醋、砂糖、盐拌匀，即成寿司饭。

2. 将烤紫菜平铺在手上，放上寿司饭，用手摊匀，放上黄瓜丝。

3. 然后卷成圆锥状，再用米饭将接合处粘好，再摆上三文鱼子即可，配芥末、酱油食用。

中华海草寿司

健脾和胃

原材料 寿司饭150克，中华海草50克，烤紫菜30克

调味料 酱油10毫升，芥末5克，醋适量

寿司饭

紫菜

做法

1. 中华海草洗净，切小段备用。

2. 取一竹帘放平，放上烤紫菜，取寿司饭倒在上面，铺平压实后卷起，切成2等份。

3. 寿司卷装入盘中，将中华海草置于其上，食用时，蘸酱油、芥末、醋。

营养功效： 海草是一种含碘量很高的海藻，所含碘能预防甲状腺肿大，也可暂时抑制甲状腺功能亢进患者的新陈代谢而减轻症状。此外，常吃海草还有助于预防和减少头发变白。

三文鱼腩寿司
促进消化

原材料 寿司饭120克，三文鱼腩150克
调味料 酱油15毫升，芥末适量

做法

1. 三文鱼腩洗净，切片，将一面打上花刀，另一面抹芥末。
2. 寿司饭捏团状，将抹有芥末的三文鱼腩片盖上面。
3. 食用时，蘸酱油、芥末即可。

寿司饭

三文鱼

营养功效： 三文鱼有健脾益胃、暖胃和中的功能，具有很高的营养价值，享有"水中珍品"的美誉。

玉米沙拉寿司

补中益气

原材料 嫩玉米粒适量，寿司饭100克，烤紫菜30克

调味料 沙拉酱20克，醋、芥末各适量，酱油15毫升

玉米

寿司饭

做法

1. 嫩玉米粒煮熟后和沙拉酱一起拌匀。

2. 将竹帘放平，铺上烤紫菜，将寿司饭放在紫菜上，并压平卷起后，切成圆柱状装盘，再将玉米沙拉浇在上面。

3. 食用时，蘸酱油、醋、芥末即可。

营养功效： 玉米含蛋白质、糖类、钙、磷、铁、硒、镁、胡萝卜素、维生素 E 等。玉米有开胃益智、宁心活血、调中理气等功效，还能降低血脂，对高脂血症、动脉硬化、心脏病患者有益。

绿蟹子寿司
滋阴润肺

原材料 寿司饭50克，绿蟹子30克，烤紫菜1张

调味料 酱油、芥末各适量

做法

1. 将烤紫菜铺在竹帘上，放上寿司饭卷好后，取出，再切成两段。
2. 将绿蟹子放在做好的卷上。
3. 配以酱油及芥末食用即可。

寿司饭

紫菜

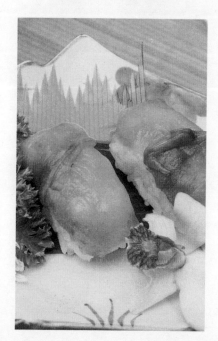

赤贝寿司
降低血脂

原材料 赤贝40克，寿司米50克

调味料 寿司醋、芥末各适量

做法

1. 将寿司米先煮成米饭，待凉后，拌入寿司醋，即成寿司饭。
2. 将赤贝洗净，放入冰块中冰冻一天后，取出解冻，去壳取肉，切片。
3. 将拌好的寿司饭捏成饭团，将赤贝覆盖在饭团上，蘸芥末食用即可。

寿司米

寿司醋

希鲮鱼寿司

益气养血

原材料 希鲮鱼肉60克，寿司饭120克

调味料 酱油10毫升，芥末5克

做法

1. 希鲮鱼肉洗净，切片。
2. 手洗净，将寿司饭捏成团，装入盘中，放上希鲮鱼肉片。
3. 食用时，蘸酱油、芥末即可。

寿司饭　　　　酱油

肉松寿司

补肾养心

原材料 烤紫菜40克，寿司饭120克，肉松50克

调味料 酱油12毫升，芥末、醋各适量

做法

1. 取竹帘，将烤紫菜铺在上面，再将寿司饭放在上面摊平压实后卷起，切成两等份。
2. 将切好的寿司卷装入盘中，撒上肉松；食用时，蘸酱油、芥末、醋即可。

紫菜　　　　寿司饭

梅肉卷寿司

行气宽中

原材料 米饭100克，梅肉20克，紫苏叶10克，烤紫菜1张

调味料 寿司醋少许，酱油10毫升，芥末适量

做法

1. 米饭与寿司醋拌匀成寿司饭；紫苏叶洗净。

2. 将烤紫菜摊平，铺上一层寿司饭、梅肉，卷好后分切成6段，在顶部点缀紫苏叶。

3. 配以酱油及芥末食用即可。

青花鱼寿司

补中益气

原材料 寿司饭200克，生菜50克，青花鱼100克，葱花、寿司姜各适量

调味料 酱油适量

做法

1. 生菜洗净；青花鱼洗净，切块。

2. 在竹帘上铺一层寿司饭，放上生菜，再铺上一层寿司饭，放上青花鱼块。

3. 将做好的寿司切成小块，放上葱花、寿司姜，配以酱油食用即可。

寿司饭

生菜

蟹子寿司

补中益气

原材料 寿司米40克，蟹子20克，烤紫菜1张

调味料 寿司醋、芥末各适量

寿司米

紫菜

做法

1. 先将寿司米蒸熟，加入寿司醋，拌匀置凉，即成寿司饭。

2. 取适量的寿司饭握成饭团，一面抹平，涂上芥末。

3. 用烤紫菜围好饭团，有芥末的一面朝上摆好，再在其上铺上蟹子即可。

> **营养功效：** 芥末辛热无毒，具有温中散寒、通利五脏的作用，能利九窍、健胃消食等。芥末的香辣味可刺激唾液和胃液的分泌，有开胃之功，能增强人的食欲；它还具有解毒功能，能解鱼蟹之毒。

玉米沙拉手卷

防癌抗癌

原材料 玉米粒50克，寿司饭150克，烤紫菜1/2张，蟹子15克

调味料 芥末少许，沙拉酱12克，酱油15毫升

做法

1. 玉米粒放入沸水中煮熟，捞起沥干水分，放入沙拉酱拌匀。

2. 将烤紫菜平铺在手上，放上寿司饭，用手摊匀，然后从烤紫菜的左下角开始卷起，卷成圆锥状，用寿司饭将接合处粘好，再摆上玉米沙拉，然后放上蟹子。

3. 取芥末和酱油调成味汁，蘸食即可。

玲珑寿司拼

健脾和胃

原材料 米饭200克，三文鱼、章红鱼、鳄梨、虾尾、醋鲭鱼、金枪鱼、甜虾、鱿鱼、柠檬片、草莓片各适量

调味料 芥末、酱油、果酱、沙拉酱各适量

做法

1. 米饭做成饭团摆入盘中；其余原材料全部洗净备用；将三文鱼、章红鱼、鳄梨、虾尾、醋鲭鱼、金枪鱼、甜虾、鱿鱼切片，分别盖在饭团上，在鱿鱼饭团上点上果酱，鳄梨饭团上挤上沙拉酱，再饰以柠檬片、草莓片。

2. 将剩余调味料调匀成味汁，佐食。

鲈鱼寿司
补肝益脾

原材料 寿司米50克，鲈鱼40克，冰块适量

调味料 寿司醋适量

做法

1. 将寿司米蒸熟，待凉后，拌入寿司醋即成寿司饭。

2. 鲈鱼洗净，放入冰块中冰镇一天后解冻，切片。

3. 将拌好的寿司饭捏成饭团，将鲈鱼片覆盖在饭团上即可。

寿司米　　　　鲈鱼

鳗鱼黄瓜条手卷
护肤美容

原材料 熟鳗鱼30克，寿司饭50克，烤紫菜1张，黄瓜20克

调味料 酱油、芥末各适量

做法

1. 黄瓜洗净，切成大小适中的条状；将熟鳗鱼放入微波炉加热后取出，切成与黄瓜条大小近似的条。

2. 少许寿司饭铺在烤紫菜的一角，再放上黄瓜条、鳗鱼条；然后从此角开始卷起，卷成圆锥状（接合处可以用寿司饭粘好）。

3. 食用时佐以酱油、芥末即可。

美味蟹柳寿司

降低血糖

原材料 寿司饭100克，蟹柳80克，烤紫菜条适量

调味料 酱油15毫升，醋、芥末各适量

做法

1. 蟹柳洗净。

2. 取一竹帘平铺，放上寿司饭铺平，压实卷起，切成两等份装入盘中。

3. 将蟹柳摆在寿司卷上面，用烤紫菜包住，食用时蘸调味料即可。

寿司饭

紫菜

营养功效：螃蟹含有丰富的蛋白质和微量元素，有很好的滋补作用。螃蟹还有抗结核作用，吃蟹对辅助治疗结核病有很大的作用。

鳄梨寿司

健脾和胃

原材料 米饭50克，鳄梨40克，烤紫菜适量

调味料 寿司醋、酱油各适量

做法

1. 鳄梨去皮洗净，切片。

2. 将米饭与寿司醋拌匀，做成寿司饭，再捏成两个饭团。

3. 将鳄梨片盖在饭团上，用烤紫菜捆好，配以酱油食用即可。

紫菜

寿司醋

营养功效： 食用鳄梨鲜果，能领略到独特的水果风味，而且还可获得丰富的营养。与一般水果相比，鳄梨的果肉含脂肪量高达 30%，为香蕉的 20~200 倍、苹果的 40~400 倍，故有"树木黄油"的美称。

黄师鱼寿司

滋阴润肺

原材料 寿司米50克，黄师鱼40克，冰块适量

调味料 寿司醋适量

做法

1. 将寿司米蒸熟，待凉后，拌入寿司醋即成寿司饭。

2. 黄师鱼洗净，切成薄片，放入冰块中冰冻一天后取出解冻。

3. 将拌好的寿司饭捏成饭团，将黄师鱼覆盖在饭团上即可。

寿司米

寿司醋

三文鱼紫菜卷

降低血脂

原材料 寿司饭、三文鱼、烤紫菜、黑芝麻各适量

调味料 盐3克

做法

1. 手洗净，将寿司饭放在手心上先压平，放入三文鱼，将饭往中心包起，呈圆球状，再将饭团稍加压挤呈三角形状。

2. 将成型的饭团放在盘子上，再将双手打湿搓上少许盐，将饭团再做一次塑形使之更为美观。

3. 将饭团放在烤紫菜上，稍压烤紫菜使之黏着饭团，撒上黑芝麻即可。

日本豆腐寿司

清热利水

原材料 日本豆腐100克，寿司饭120克，烤紫菜20克

调味料 酱油15毫升，醋适量，芥末5克

做法

1. 日本豆腐切长块；烤紫菜切条。

2. 手洗净，将寿司饭捏成团，与日本豆腐一起用烤紫菜绑起来。

3. 食用时，蘸调味料即可。

寿司饭

紫菜

营养功效：日本豆腐是以鸡蛋为主要原料，辅以纯水、植物蛋白质、天然调味料等精制而成，具有豆腐的爽滑鲜嫩、鸡蛋的美味清香，以其美味、营养、健康，在消费者中享有盛誉。

高级寿司拼盘
健脑益智

原材料 太卷2件，三文鱼寿司、北极贝寿司、金枪鱼寿司、三文鱼子寿司、蚬子寿司、蚬柳寿司各1件，玉子2块，黄瓜卷1条，寿司姜10克

调味料 芥末15克

做法

1. 先将太卷和各种寿司摆入寿司盘中。
2. 再摆上玉子和黄瓜卷。
3. 取一碗盛芥末和寿司姜，摆桌即可。

黄瓜

芥末

锦绣寿司拼盘
降低血脂

原材料 三文鱼寿司、金枪鱼寿司、鳗鱼寿司、蟹子寿司、北极贝寿司、日本海草寿司各3件，西芹叶、黄瓜片、紫罗兰各少许

调味料 芥末、酱油各适量

做法

1. 将各种寿司摆入寿司盘中。
2. 配上芥末和酱油。
3. 用西芹叶、黄瓜片、紫罗兰加以装饰即可。

西芹　　　　黄瓜

什锦太卷
清热解毒

原材料 胡萝卜1条，黄瓜1条，蚧柳2条，干瓢2条，红鱼粉10克，米饭200克，紫菜1张，寿司姜10克

调味料 芥末、豉油、寿司醋各适量

做法

1. 用寿司醋拌匀米饭成寿司饭，备用。

2. 将紫菜平放，铺上饭团，再放上其他切好的原材料，卷实。

3. 切成8段，同芥末、豉油一起摆盘。

黄瓜

紫菜

咸蛋黄寿司
健脑益智

原材料 米饭100克，烤紫菜1张，咸蛋黄6个

调味料 寿司醋、酱油各适量

做法

1. 米饭与寿司醋拌匀成寿司饭；咸蛋黄蒸熟备用。

2. 将烤紫菜摊平，放上寿司饭、咸蛋黄卷好后，分切成6段。

3. 配以酱油食用即可。

紫菜

酱油

胡萝卜寿司

补中益气

原材料 寿司饭150克，胡萝卜50克，烤紫菜适量

调味料 酱油15毫升，芥末5克

做法

1. 胡萝卜洗净，切条。
2. 取竹帘放平，将烤紫菜盖在上面，再将寿司饭放上面摊平，最后放上胡萝卜条卷起，切成6等份。
3. 食用时，蘸酱油、芥末即可。

寿司饭　　　　紫菜

营养功效： 胡萝卜中的胡萝卜素能增强人体免疫力，有抗癌作用，并可减轻癌症患者的化疗反应，对脏腑器官有保护作用。女性食用胡萝卜可以降低卵巢癌的发病率。

辛辣亲子寿司

保护肝脏

原材料 三文鱼肉50克，寿司饭100克，三文鱼子、白萝卜、黄瓜各适量

调味料 酱油12毫升，醋、芥末各适量

做法

1. 三文鱼肉洗净，切小块；白萝卜洗净，切丝；黄瓜去皮，切成薄片。

2. 取竹帘，放上黄瓜片，将寿司饭铺在上面压平卷起，切成两份，再将三文鱼块、三文鱼子、白萝卜丝摆在上面，蘸食酱油、醋、芥末。

寿司饭

白萝卜

营养功效： 三文鱼卵富含磷酸盐、钙质及维生素 A、维生素 D，被公认为宴席珍馐，将其腌渍成"三文鱼子"，极受人们的欢迎。

金枪鱼寿司

保护肝脏

原材料 米饭150克，金枪鱼40克，烤紫菜1张

调味料 寿司醋、绿芥末、酱油各适量

做法

1. 米饭与寿司醋拌匀成寿司饭；金枪鱼解冻，切片。

2. 将烤紫菜摊平，放上寿司饭，涂一层绿芥末，放入金枪鱼卷好，切成大小相同的6段。

3. 配以酱油食用即可。

什锦寿司

壮阳补肾

原材料 黄瓜、胡萝卜各100克，水发香菇、蟹棒各50克，鸡蛋2个，烤紫菜1张，寿司饭、牛奶各适量

调味料 白糖、盐、米酒、酱油、芥末、油各适量

做法

1. 黄瓜洗净切条；胡萝卜、水发香菇洗净，加水、白糖、盐、米酒同煮后切条；鸡蛋打散，加白糖、盐、牛奶搅匀，入油锅制成蛋块；蟹棒稍煮。

2. 烤紫菜放好，铺上寿司饭、黄瓜条、胡萝卜条、香菇条、蟹棒、蛋块，卷好，切段，蘸酱油、芥末即可。

腊肉寿司

开胃消食

原材料 寿司饭150克，腊肉80克

调味料 酱油15毫升，芥末、醋各适量

做法

1. 腊肉用水洗净，切成厚薄均匀的片，入蒸锅中蒸熟。

2. 双手洗净，将寿司饭捏成团，装入盘中，再放上蒸熟的腊肉片。

3. 食用时，蘸酱油、芥末、醋即可。

腊肉的挑选技巧： 看——要选择黄中泛黑的腊肉；闻——如果烟熏味过重，可能是短时间内急速熏制成的，只熏黑了表皮，而其内并未入味；切——用刀将肉切开，好的腊肉瘦肉部分呈深红色，肥肉部分则呈偏透明的白色。

加州寿司
健脾养胃

原材料 寿司饭100克，蟹子50克，蛋黄酱20克，黄瓜、蟹柳、玉子各适量，烤紫菜1张

调味料 酱油10毫升，芥末5克

做法

1. 黄瓜洗净，切块；玉子、蟹柳洗净，切段。

2. 取竹帘，铺上烤紫菜，撒上蟹子，将寿司饭放在上面铺平，再将紫菜翻转过来，其上放黄瓜块、蟹柳段、玉子段，将竹帘卷起，再松开，切成3等份，装入盘中，淋上蛋黄酱。

3. 食用时，蘸酱油与芥末即可。

鱼肉寿司
养肝补血

原材料 寿司饭100克，鱼肉120克，蟹柳、蟹子、黄瓜、熟黑芝麻各适量，烤紫菜1张

调味料 酱油12毫升，芥末5克，醋少许

做法

1. 鱼肉洗净，切块，入烤箱烤熟；黄瓜洗净，切丝。

2. 取竹帘，放上寿司饭铺平，再铺上烤紫菜，将蟹柳、黄瓜丝放在上面后卷起，切成2等份。

3. 将烤熟的鱼块放在寿司饭上面，撒上蟹子和熟黑芝麻，食用时，蘸调味料即可。

豆腐皮蛋黄寿司

滋阴润燥

原材料 米饭100克，炸豆腐皮1张，咸蛋黄4个，鸡蛋2个，干瓢1根

调味料 寿司醋、酱油、油各适量

做法

1. 米饭与寿司醋拌匀成寿司饭；鸡蛋打散，下入煎锅中煎成蛋皮；咸蛋黄蒸熟备用。

2. 将炸豆腐皮摊平，放上寿司饭、咸蛋黄、鸡蛋皮卷好后，分切成两段。

3. 用干瓢扎紧，配以酱油食用。

鸡蛋

寿司醋

红鱼子寿司

延缓衰老

原材料 米饭、红鱼子各50克，烤紫菜1张，黄瓜片40克

调味料 寿司醋、酱油各适量

做法

1. 米饭与寿司醋拌匀成寿司饭。

2. 将烤紫菜摊平，放上寿司饭卷好后，切成两段，放上红鱼子，再以黄瓜片装饰。

3. 以酱油蘸食即可。

紫菜

黄瓜

黄瓜鸡蛋鱼松寿司

增强免疫力

原材料 寿司饭120克，黄瓜50克，鸡蛋1个，鱼松粉20克，烤紫菜适量

调味料 酱油12毫升，芥末、油、醋各适量

做法

1. 黄瓜洗净切条；鸡蛋打散，入油锅中煎成蛋皮。

2. 取竹帘，盖上烤紫菜，将寿司饭放在上面铺平，再将鱼松粉、黄瓜条、蛋皮放在上面卷起，切成圆段。

3. 再将切好的寿司装入盘中，食用时，蘸调味料即可。

寿司饭

黄瓜

营养功效： 黄瓜中含有的葫芦素 C 具有提高人体免疫功能的作用，能达到抗肿瘤目的；黄瓜中含有丰富的维生素 E，可起到延年益寿的作用。

炸多春鱼寿司

聪耳明目

原材料 寿司饭120克，多春鱼块50克，黑芝麻少许，生菜、蛋黄酱、烤紫菜各适量

调味料 酱油15毫升，芥末5克，油适量

做法

1. 多春鱼块入油锅炸熟；黑芝麻炒香；生菜洗净。

2. 取竹帘，撒上黑芝麻，将寿司饭放在上面铺平，再铺上烤紫菜，放上生菜后卷起，切3等份，装入盘中。

3. 放上炸过的多春鱼块，淋上蛋黄酱即可，蘸调味料食用。

营养功效： 芝麻富含蛋白质、铁、磷、维生素 A、维生素 D、维生素 B_1、维生素 B_2、维生素 E、棕榈酸、亚油酸、糖类、卵磷脂、芝麻素等，有补肝益肾、强身的作用，并有润燥滑肠、通乳的作用。

鳗鱼黄瓜寿司
补中益气

原材料 米饭150克，烤鳗鱼、黄瓜各50克，烤紫菜1张

调味料 酱油适量

做法

1. 烤鳗鱼用微波炉加热，切块；黄瓜洗净，切条。
2. 将烤紫菜铺在竹帘上，放上米饭，再放烤鳗鱼块和黄瓜条卷好，取出，分切成6段。
3. 配以酱油食用即可。

黄瓜

紫菜

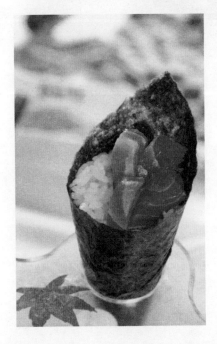

三文鱼手卷
益精强志

原材料 三文鱼50克，寿司饭150克，紫苏叶5克，烤紫菜1/2张

调味料 芥末10克，酱油15毫升

做法

1. 三文鱼洗净，切小片，放入冰水中浸10分钟；紫苏叶洗净。
2. 将烤紫菜平铺在手上，放上寿司饭，用手摊匀，放上紫苏叶，再放上三文鱼片，然后卷成圆锥状，再用寿司饭将接合处粘好。
3. 取芥末和酱油调成味汁，蘸食即可。

芥末卷

益精强志

原材料 寿司饭120克，鱼松粉20克，烤紫菜、干瓢、黄瓜、蟹柳、胡萝卜、玉子各适量

调味料 酱油15毫升，芥末5克，醋适量

做法

1. 将干瓢、黄瓜、蟹柳、胡萝卜、玉子均洗净，切块。

2. 取竹帘，放上烤紫菜，将寿司饭铺在上面，并在上面撒上鱼松粉，再将干瓢块、黄瓜块、蟹柳块、胡萝卜块、玉子块放在上面压实卷起，切成圆柱状，再装入盘中。

3. 食用时，蘸酱油、芥末、醋即可。

营养功效： 胡萝卜内含琥珀酸钾，有助于防止血管硬化，降低胆固醇，对预防高血压也有一定效果。胡萝卜还可清除致人衰老的自由基，所含的B族维生素和维生素C等营养成分有润皮肤、抗衰老的作用。

洋葱三文鱼手卷

补中益气

原材料 洋葱、黄瓜、葱花各15克，三文鱼50克，烤紫菜1/2张，寿司饭150克

调味料 芥末15克，酱油15毫升

做法

1. 洋葱洗净，切碎；三文鱼洗净，切碎，放入葱花，搅拌均匀；黄瓜洗净，切丝。

2. 将烤紫菜平铺在手上，放上寿司饭，用手摊匀，放上黄瓜丝，然后卷成圆锥状，用寿司饭将接合处粘好，再摆上洋葱碎、三文鱼碎。

3. 取芥末和酱油调成味汁，蘸食即可。

三文鱼黄瓜手卷

健脑益智

原材料 寿司饭50克，三文鱼30克，烤紫菜1张，黄瓜20克

调味料 寿司酱油、芥末各适量

做法

1. 分别将三文鱼、黄瓜洗净，切成大小适中的条状备用。

2. 在铺好的烤紫菜上放寿司饭、黄瓜条、三文鱼，并从饭团处开始卷成圆锥状（接合处可用寿司饭粘好）。

3. 食用时佐以寿司酱油、芥末即可。

寿司饭

三文鱼

黄瓜鸡块手卷

健脑安神

原材料 鸡腿1只，寿司饭150克，黄瓜30克，烤紫菜1/2张

调味料 盐3克，芥末适量，生抽、酱油各15毫升

做法

1. 鸡腿洗净，用盐、生抽腌渍30分钟，放入锅中煮熟，捞出，切块，去掉骨头；黄瓜洗净，切丝。

2. 烤紫菜平铺手上，放上寿司饭，用手摊匀，垫上黄瓜丝，再放上鸡块。

3. 然后从烤紫菜的左下角开始卷起，卷成圆锥状，再用寿司饭将接合处粘好即可，配芥末、酱油食用。

黄咸菜寿司卷

健脾养胃

原材料 米饭100克，烤紫菜1张，黄咸菜适量

调味料 寿司醋、酱油各适量

做法

1. 米饭与寿司醋拌匀成寿司饭。

2. 将烤紫菜摊平，铺上一层寿司饭，在寿司饭上放上黄咸菜卷好，再分切成6段。

3. 配以酱油食用即可。

紫菜

寿司醋

三文鱼卷

清热利水

原材料 寿司饭120克，三文鱼肉50克，烤紫菜50克

调味料 酱油12毫升，醋、芥末各适量

寿司饭 　　三文鱼

做法

1. 三文鱼肉洗净，切条。
2. 取竹帘放平，将烤紫菜盖在其上，再将寿司饭放在上面摊平，最后放上二文鱼条。
3. 卷起，切成6等份，食用时蘸酱油、醋、芥末即可。

营养功效： 米饭所含的优质蛋白质可使血管保持柔软，达到降血压的效果；其所含的水溶性食物纤维可将肠内的胆酸汁排出体外，从而预防动脉硬化等心血管疾病。

彩虹寿司

减肥美容

原材料 金枪鱼、鱿鱼、三文鱼各40克，米饭250克，寿司姜、冰块各适量

调味料 寿司醋、芥末各适量

做法

1. 金枪鱼、鱿鱼、三文鱼均洗净，放入冰块中冰好后，取出切片。
2. 米饭与寿司醋拌匀，捏成饭团。
3. 将金枪鱼片、鱿鱼片、三文鱼片分别覆盖在饭团上，以寿司姜、芥末伴食即可。

鱿鱼

三文鱼

火腿寿司

补肾养心

原材料 寿司饭150克，火腿50克，烤紫菜40克

调味料 酱油15毫升，醋、芥末各适量

做法

1. 火腿洗净，切成长条。
2. 取竹帘，盖上烤紫菜，将寿司饭倒在上面铺平，再放上火腿条卷起，切成6等份。
3. 食用时，蘸酱油、醋、芥末即可。

寿司饭

火腿

海胆手卷
防癌抗癌

原材料 海胆30克，寿司饭150克，黄瓜15克，烤紫菜1/2张

调味料 芥末10克，酱油15毫升

做法

1. 海胆洗净，切小片，放入冰水中浸泡10分钟；黄瓜洗净，切成细丝。

2. 将烤紫菜平铺在手上，放上寿司饭，用手摊匀成正方形，放上黄瓜丝。

3. 卷成卷，再摆上海胆片，调入芥末和酱油即可。

寿司饭

黄瓜

炸虾蟹柳卷
补肾壮阳

原材料 寿司饭150克，蟹柳、虾各50克，蟹子30克，烤紫菜、面糊各适量

调味料 酱油、油各适量

做法

1. 蟹柳洗净，裹上面糊，入油锅炸成金黄色；虾洗净，入油锅炸成金黄。

2. 在竹帘上撒上蟹子，铺一层寿司饭，将烤紫菜放上，再放上炸好的虾和蟹柳，卷好，再分切成小段。

3. 食用时蘸酱油即可。

寿司饭

虾

三文鱼芦笋寿司

健脑安神

原材料 米饭100克，三文鱼50克，黄瓜、芦笋、蟹子、烤紫菜各适量

调味料 沙拉酱、酱油各适量

做法

1. 三文鱼洗净，切片；黄瓜洗净，切片；芦笋洗净，切段。

2. 将烤紫菜铺在竹帘上，放上米饭，再放入芦笋、黄瓜和小部分三文鱼卷好，取出后分切成3段，摆入盘中，再将剩余三文鱼盖在上面，挤上沙拉酱，放上蟹子。

3. 食用时配以酱油即可。

营养功效： 芦笋中含有丰富的叶酸，大约5根芦笋就含有100多微克叶酸，已达到人体每日需求量的1/4，多吃芦笋能起到补充叶酸的作用。

蔬菜芥末寿司
补中益气

原材料 米饭150克，红椒碎15克，白菜碎、胡萝卜碎、白萝卜碎各50克，烤紫菜适量

调味料 白糖、白醋、盐、番茄酱、芥末、酱油各适量

做法

1. 在米饭中放入白糖、白醋、盐、番茄酱、红椒碎、白菜碎、胡萝卜碎、白萝卜碎拌匀。
2. 铺开烤紫菜，将拌好的米饭倒在上面，再把烤紫菜卷起来。
3. 用刀将卷切成6段，配芥末和酱油食用即可。

鳗鱼紫菜手卷
补虚养血

原材料 烤鳗鱼肉50克，黄瓜30克，烤紫菜1/2张，寿司饭150克

调味料 芥末10克，酱油15毫升

做法

1. 将烤鳗鱼肉切成小块；黄瓜洗净，切成细丝。
2. 将烤紫菜平铺在手上，放上寿司饭，用手摊匀，垫上黄瓜丝，再放上烤鳗鱼块，然后卷成圆锥状，再用寿司饭将接合处粘好。
3. 取芥末和酱油调成味汁，蘸食即可。

第二章
入口醇香的
韩国料理

韩国料理的特点十分鲜明，主要表现为高蛋白、多蔬菜、喜清淡、忌油腻，味道以凉、辣为主，烹调方法多以蒸、煮、凉拌、烧烤为主，配以多种多样的酱料，调制出不一样的美味。

丰盛主食
Feng Sheng Zhu Shi

　　韩国人习惯将主食与副食分开，主食以米饭、粥、面条、面疙瘩汤、饺子为主，与我们中国的主食材料差不多，由于文化的差异，在做法上各具特色。这些主食美味可口，营养丰富，对人体健康很有好处。闲暇之余做一份韩式风格的主食，既领略了异国风情，又满足了自己对美食的渴望。

黑芝麻粥
补肾益精

原材料 大米180克，黑芝麻95克

调味料 盐3克

做法

1. 黑芝麻炒熟磨粉；搅拌器里放入大米与水，搅打2分钟左右；锅里放入搅拌好的大米与水，大火烧开。

2. 转中火熬煮，放入磨好的黑芝麻粉，煮到黏稠状时，放盐调味即可。

八宝饭
补虚养血

原材料 糯米400克，大米、黍米、小米、黑豆、赤小豆各适量

调味料 盐适量

做法

1. 将糯米、大米、黍米、小米洗净沥干；黑豆、赤小豆提前泡发。

2. 将所有原材料倒入锅中，加水，大火煮沸后，转小火，煮至米熟加盐。

白饭

养阴生津

原材料 大米450克

做法

1. 大米淘洗3次，清洗干净，入水里浸泡30分钟左右，用筛子沥去水分后，晾10分钟；锅里倒入大米与水。

2. 大火煮4分钟左右，沸腾后续煮4分钟左石。

3. 转至中火煮3分钟，待米粒浮起时，再转小火焖10分钟左右。

4. 用饭勺轻轻地装碗盛饭。

营养功效： 米是五谷之首，米饭更是人们日常饮食中的主角之一。大米蛋白质营养价值高，其蛋白质中含赖氨酸高的碱溶性谷蛋白占80%，赖氨酸含量高于其他谷物，氨基酸组成配比合理，比较接近世界卫生组织认定的蛋白质氨酸最佳配比模式。

鲍鱼粥

滋阴补阳

原材料 大米225克，鲍鱼400克

调味料 清酱6克，盐2克，麻油13毫升

做法

1. 大米洗净；鲍鱼洗净，用汤匙挖出鲍鱼肉后剜去内脏，切片。

2. 锅加热抹上麻油，放入大米，中火炒1分钟左右，入鲍鱼再炒2分钟左右。

3. 倒入水后，用大火煮6分钟左右，煮到沸腾时转中火并盖上盖子，时而搅动，续煮30分钟左右。

4. 煮到黏稠状时，用清酱与盐调味，再煮一会儿即可。

鲍鱼

盐

巧煮鲍鱼粥：煮鲍鱼粥也可以放入鲍鱼的内脏，使煮出的粥呈现青蓝色；也可以将鲍鱼切碎来煮粥。

牛肉蕨菜拌饭
润肺益气

原材料 大米450克，南瓜300克，桔梗200克，牛肉120克，蕨菜200克，鸡蛋2个，海带片3克，葱末9克，蒜泥5克

调味料 辣椒酱、酱油、糖、盐、芝麻盐、胡椒粉、麻油、油各适量

做法

1. 南瓜、桔梗去皮切丝，用盐腌渍。
2. 牛肉切丝，蕨菜切段，各自加入调味料；鸡蛋煎好切丝；大米煮成饭；锅中放油，入南瓜丝、桔梗丝、牛肉丝、蕨菜段、海带片分别炒熟；辣椒酱加葱末、蒜泥炒好。
3. 米饭上摆放炒好的材料与鸡蛋丝。

风味泡饭
补脾益胃

原材料 大米300克，蕨菜80克，桔梗丝80克，黄豆芽150克，牛肉、萝卜、葱末、蒜泥各适量

调味料 盐5克，清酱15克，胡椒粉1克，芝麻盐2克，麻油4毫升，油适量

做法

1. 将蕨菜泡软；牛肉、萝卜煮肉汤；锅中油热加葱末、蒜泥、蕨菜、桔梗丝、黄豆芽翻炒均匀。
2. 大米煮饭，大火煮至米粒浮起时转小火煮焖；将煮好的牛肉、萝卜、肉汤以及炒好的上述食材倒入米饭中。
3. 拌入调味料，搅拌均匀即可。

南瓜豆粥

润肺益气

原材料 南瓜700克,赤小豆25克,芸豆15克,小汤圆50克

调味料 盐5克,糖适量

做法

1. 南瓜去瓤洗净,入锅蒸15分钟,取出与水一起入搅拌器,细磨2分钟。

2. 锅中放入水、赤小豆、芸豆,煮30分钟,待用。

3. 锅里放磨好的南瓜加水,煮至沸腾时,盖上锅盖,续煮20分钟,加入芸豆与赤小豆,放入小汤圆煮5分钟,煮到所有的材料都混合时,用糖与盐调味即可。

> **营养功效:** 南瓜含有丰富的胡萝卜素和维生素C,有健脾益胃的作用,可防治夜盲症。南瓜还富含维生素A和维生素D;维生素A能防止胃炎、胃溃疡等疾患发生;维生素D有壮骨强筋的功效。

海鲜刀切面
清热利湿

原材料 面粉200克，鸡蛋液60毫升，虾仁50克，土豆50克，南瓜50克，牡蛎30克，蛤蜊200克，葱花20克，蒜泥5克，萝卜50克，小干鱼30克，干虾仁10克，海带片20克

调味料 盐5克，清酱3克

做法

1. 面粉里放入盐与鸡蛋液，用水和面后醒面，然后擀切成面条；萝卜、土豆、南瓜洗净切好；小干鱼洗净。

2. 虾仁、牡蛎洗净；煮汤用的水里放入萝卜、小干鱼、干虾仁，大火煮至沸腾，放入海带片，转中火续煮片刻，加清酱与盐，做汤。

3. 锅里放汤，大火煮沸，放入刀切面、土豆、南瓜、虾仁、牡蛎、蛤蜊煮5分钟，放入蒜泥与葱花拌匀。

巧做刀切面： 和面时，加入一些盐，可使刀切面更筋道。

鲍鱼糊
平肝固肾

原材料 鲍鱼3只，大米适量

调味料 盐、酱油、油各适量

做法

1. 鲍鱼洗净，去壳及内脏，鲍鱼肉切细丝；大米浸泡过后在研钵中磨碎，将大米粉滤出，大米粉和滤过的水皆盛起备用。

2. 将鲍鱼肉放入锅中，用油翻炒，然后将大米粉加入，继续翻炒；将剩下的水加入鲍鱼肉中，小火慢炖，直至其呈黏稠状。

3. 待鲍鱼粥煮沸后，用酱油和盐调味。

五谷饭
补中益气

原材料 糯米360克，黑豆80克，黏高粱85克，赤小豆83克，黏小米85克，煮赤小豆水100毫升

调味料 盐适量

做法

1. 糯米、黏高粱、黏小米淘洗干净；黑豆、赤小豆淘洗净，提前泡发。

2. 将上述材料放入电饭煲中，加入煮赤小豆水和适量清水，按煮饭键。

3. 饭熟，加盐调味即可。

黑豆　　　　赤小豆

喜面
防癌抗癌

原材料 嫩南瓜150克，鸡蛋1个，辣椒丝1克，面条300克，牛肉200克，葱、蒜各20克

调味料 清酱18克，盐3克，油适量

做法

1. 牛肉清理干净，入锅加水，用大火煮至沸腾时，转中火再炖10分钟左右后，放入葱、蒜续煮片刻。

2. 牛肉捞出切块；嫩南瓜洗净去皮切丝；鸡蛋煎成蛋皮后，切丝。

3. 油热时加入南瓜丝，炒至呈绿色。

4. 面条煮熟，用水冲洗，沥去水分。

5. 在锅里倒入牛肉汤，大火煮至沸腾，放清酱与盐调味熬煮做酱汤，将面条装到碗里并倒入肉汤，撒上牛肉块、南瓜丝、黄白蛋丝、辣椒丝即可。

巧煮喜面： 煮面条时，加入一些盐，可使面条筋道、不粘连。

酱汤粥

养阴生津

原材料 大米180克，牛肉50克，香菇10克，葱末5克，蒜泥3克

调味料 酱油9毫升，芝麻盐3克，胡椒粉2克，麻油2毫升，清酱12克

做法

1. 大米洗净，浸泡；牛肉洗净剁碎，用葱末、蒜泥和调味料调味；香菇泡发，切丝，用调味料搅拌。

2. 锅加热抹上麻油，放大米、牛肉、香菇，转中火炒2分钟，倒入水，煮至沸腾，盖上盖子，熬煮到黏稠状时，用清酱与芝麻盐调味，再煮一会儿。

牛肉

香菇

快速泡发香菇技巧： 将香菇放在温水中浸泡，再放入砂糖，这样会泡发得更快更软。

松仁粥

健脾益胃

原材料 大米180克，松仁90克
调味料 盐4克

做法

1. 大米洗净，浸泡后沥水，在搅拌器里放大米与水磨2分钟，用筛子过滤；松仁擦净，在搅拌器里放松仁与水磨2分钟，过滤。

2. 锅里放磨好的大米，大火煮至沸腾时，转中火并上盖焖煮15分钟左右后，放入磨好的松仁，续煮5分钟。

3. 煮到黏稠状时，用盐调味，搅拌均匀即可食用。

大米

松仁

营养功效： 松仁含有脂肪、蛋白质、碳水化合物、不饱和脂肪酸等，有很高的食疗价值，常食松仁具有滑肠通便、强身健体、延年益寿等功效。

赤小豆粥
清热解毒

原材料 大米90克，赤小豆230克，糯米粉100克

调味料 盐3克

做法

1. 大米洗净；赤小豆浸泡后沥去水分。

2. 锅里放入赤小豆和水，煮到熟透，趁热放到筛子里，用木饭铲压碎过滤，取出赤小豆水。

3. 在糯米粉里放入盐，用热水烫面，做成小汤圆；锅里倒入赤小豆水，放入大米，大火边煮边搅拌。

4. 米粒泛开时放入赤小豆，沸腾时续煮10分钟，放小汤圆，熟后加盐。

八宝拌饭
补虚养血

原材料 糯米270克，红枣20克，板栗45克，松仁、淀粉各2克

调味料 酱油15毫升，黄糖36克，桂皮粉1克，蜂蜜38毫升，白糖24克，麻油7毫升，盐2克

做法

1. 糯米洗净备用；红枣、板栗取果肉；松仁去皮；糯米加盐蒸饭。

2. 糯米蒸好时，趁热将淀粉、酱油、黄糖、桂皮粉、蜂蜜、白糖、麻油放入后搅拌均匀；再放入板栗、红枣、松仁搅匀。

3. 将八宝饭放入蒸锅，蒸熟即可。

鱼肉蒸饺

养肝补血

原材料 鱼脯700克，牛肉馅70克，水发香菇15克，水发黑木耳4克，黄瓜100克，绿豆芽100克，绿豆粉60克，松仁7克，葱末3克，蒜泥3克

调味料 盐10克，酱油30毫升，糖6克，芝麻盐1克，麻油2毫升，醋30毫升，松仁粉3克，蜂蜜9毫升

做法

1. 鱼脯切片，加盐腌渍去水，香菇、黑木耳、黄瓜洗净切碎。

2. 绿豆芽焯熟切碎，和牛肉馅、香菇、黑木耳、葱末、蒜泥、黄瓜混合，加调味料做馅；将鱼脯沾上绿豆粉，放馅、松仁，包成圆形，外面沾上绿豆粉。

3. 蒸锅里倒入水，大火煮至沸腾，铺上湿棉布后放上鱼肉饺子，蒸5分钟至熟，配醋、酱油上桌。

> 绿豆芽爽脆小技巧：为保持绿豆芽口感爽脆，焯水时间不可过长。

305

牛肉水饺

补脾益胃

原材料 牛肉馅150克，水发香菇15克，南瓜150克，绿豆芽250克，松仁10克，鸡蛋液60毫升，水芹15克，面粉190克，蒜20克，葱花2克，蒜泥、肉汤各适量

调味料 酱油18毫升，芝麻盐2克，麻油4毫升，清酱9克，醋15毫升

做法

1. 水发香菇、南瓜、绿豆芽、水芹放入开水中焯熟切碎，和牛肉馅、松仁、蒜泥、葱花放在一起，加入调味料做成饺子馅；面粉中加入鸡蛋液，和面，做成饺子皮。

2. 将饺子馅放入饺子皮中，包成饺子。

3. 蒸锅倒入水，煮至沸腾，铺上湿棉布，放入饺子蒸5分钟左右至熟，取出，和肉汤一同入碗，配醋上桌。

> **蒸饺子小技巧：** 蒸饺子时在蒸笼上抹油，可以防止饺子粘连。

拌冷面
益气补血

原材料 冷面面条(干的)600克，牛肉100克，黄瓜50克，萝卜100克，梨100克，鸡蛋2个，洋葱30克，蒜泥16克，干辣椒10克

调味料 酱油9毫升，糖2克，芝麻盐1克，醋90毫升，麻油、盐、油各适量

做法

1. 牛肉洗净剁碎，加酱油、糖、芝麻盐和麻油搅拌；黄瓜洗净，切片。

2. 萝卜洗净，切丝，用盐、糖腌渍。

3. 梨切片，用糖腌渍；洋葱切块；盐、蒜泥、醋、干辣椒细磨，合成酱料。

4. 油热放入牛肉碎炒熟；鸡蛋煮熟，去壳对切；冷面面条煮熟，用冷水冲洗后，沥去水分；冷面面条装碗，将牛肉碎、洋葱、黄瓜片、萝卜丝、梨片、鸡蛋、酱料等摆放在面条上。

煮蛋小技巧： 煮鸡蛋时，放入盐和茶叶，味道会更鲜美。

松仁糊
健脑益智

原材料 大米、松仁、红枣各适量
调味料 糖水适量

做法

1. 将大米放水中浸泡。
2. 将松仁和一杯水一起倒入搅拌机磨成汁备用。
3. 红枣去核，切成细丝，将之浸泡于糖水中。
4. 将大米和两杯水一起倒入搅拌机中，磨成米浆。
5. 将磨碎的大米和米浆一起放入锅中煮，煮至黏稠时，将松仁汁和红枣糖水慢慢倒入，拌匀，煮沸。

豆粥
健脾化湿

原材料 白豆160克，大米135克
调味料 盐2克

做法

1. 大米洗净，浸泡后沥去水分；白豆浸泡后大火煮至沸腾，转中火续煮；将煮好的白豆捞出去皮，将白豆与水放入搅拌器里磨2分钟左右成浆。
2. 大米入锅加水，大火煮至沸腾，转中火，时而搅动续煮；煮至米粒软烂黏稠时，放入磨好的豆浆续煮，用盐调味再煮一会儿。

牛肉汤水饺

强健筋骨

原材料 牛肉馅、白菜泡菜、豆腐、绿豆芽各160克，鸡蛋2个，牛肉300克，葱50克，蒜20克，葱段9克，蒜泥5克，饺子皮适量

调味料 盐6克，芝麻盐6克，胡椒粉1克，麻油13毫升，清酱9克，油适量

做法

1. 牛肉、葱、蒜分别洗净；锅中倒入牛肉与水，大火煮到沸腾时，加葱与蒜再煮，牛肉捞出，肉汤过滤。

2. 将白菜泡菜、豆腐、绿豆芽洗净切碎，和牛肉馅放在一起，加入盐、蒜泥、芝麻盐、胡椒粉、麻油，搅拌成饺子馅；蛋黄和蛋清分开来煎，切成菱形；用饺子皮包馅，做成饺子。

3. 牛肉汤入锅，加入清酱与盐烧开，放入饺子煮熟，放上黄白蛋皮、葱段。

做饺子馅小技巧： 白菜泡菜做馅时，可先用盐腌渍，去除多余水分。

冷面
增强免疫力

原材料 冷面面条(干的)400克,萝卜170克,黄瓜50克,牛肉(胸肉、腱子肉)300克,梨100克,鸡蛋2个,松仁10克,辣椒丝1克,蒜20克,葱3克

调味料 清酱9克,糖40克,细辣椒粉3克,醋60毫升,盐适量

做法

1. 牛肉、葱、蒜煮肉汤;牛肉捞出晾凉,切成片,肉汤用清酱调味。

2. 黄瓜洗净切片;萝卜洗净切片,加盐、糖、醋、细辣椒粉腌渍;梨洗净切片,腌在糖水里;鸡蛋煮熟对切。

3. 冷面煮好,用冷水搓揉冲洗,沥去水分;放入碗中,摆上准备好的牛肉片、黄瓜片、萝卜片、鸡蛋、梨片、松仁、辣椒丝等,淋上肉汤即可。

黄瓜爽脆小技巧: 黄瓜在食用前,再放盐腌渍,以免腌渍时间过长,影响其爽脆口感。

豆汤凉面

益气补虚

原材料 白豆200克，面条350克，黄瓜70克，西红柿100克

调味料 盐适量

做法

1. 白豆洗净，泡发；黄瓜用盐搓揉洗净，切丝；西红柿洗净切块。

2. 将白豆煮熟去皮，加水细磨，用筛子过滤做成豆汤，用盐调味。

3. 锅里倒入水，大火煮9分钟左右，直至沸腾时，放入面条，续煮1分钟左右，再沸腾时倒入100毫升的水，再煮1分钟，沸腾时再放入100毫升的水，再续煮30秒左右。将煮好的面条用冷水冲洗，放入筛子沥去水分，将面条装碗，放上黄瓜丝与西红柿块，倒入豆汤即可。

营养功效： 白豆营养丰富，有滋阴、补肾、健脾、温中、利湿、解毒等作用，为理想的食疗佳品。

营养主菜
Ying Yang Zhu Cai

　　韩式主菜以蒸菜和煮菜居多。由于蒸的过程是以水渗热、阴阳共济，因此蒸菜不仅能保持菜肴的原形、原汁、原味，而且吃了不会上火。蒸菜能避免受热不均或煎炸过度造成的有效成分流失。在此为您推荐一些韩式的蒸菜、煮菜，让您既可以品尝到异国美味，又能吃出健康。

鲜烧鲍鱼
滋阴补阳

原材料 鲍鱼6枚（已洗净），核桃仁、熟白果、熟青豆、蒜、生姜各适量

调味料 酱油、糖、料酒、黑胡椒、麻油各适量

做法

1. 鲍鱼加生姜、蒜、调味料炖熟。
2. 用竹签将白果、鲍鱼、核桃仁串起，放在鲍鱼壳内；熟青豆装饰盘底。

清蒸大海螺
清热明目

原材料 大海螺6只，鸡蛋1个，欧芹叶、红椒丝、熟玉米粒、石耳丝各适量

调味料 麻油、盐、油各适量

做法

1. 大海螺蒸熟，取肉，加麻油、盐，入海螺壳；蛋黄和蛋清煎片，切丝。
2. 和石耳丝、红椒丝、鸡蛋丝、欧芹叶、玉米粒一起入海螺壳即可。

清蒸大虾

益气壮阳

原材料 大虾4只，青辣椒丝7克，葱丝20克，蒜片20克，红辣椒丝10克，石耳1克，鸡蛋1个

调味料 清酒15毫升，盐3克，胡椒粉2克，麻油13毫升，油适量

做法

1. 大虾洗净；撒上盐、清酒、胡椒粉调味；石耳放在水里泡1小时，去蒂洗净擦干后，切丝；鸡蛋煎成黄白蛋皮，切丝。

2. 蒸锅里倒入水，大火煮5分钟左右，直至沸腾，铺上葱丝与蒜片后，放上大虾蒸5分钟左右至熟。

3. 将蒸好的大虾拿出来，抹上麻油。大虾上面撒上青辣椒丝、红辣椒丝、黄白蛋皮丝、石耳丝等菜码。

去虾线小技巧： 用牙签轻挑虾背，可轻松去除虾线。

蒸米糕
补中益气

原材料 白米糕300克，牛肉100克，葱末10克，蒜泥8克，胡萝卜、板栗、高汤、香菇、松仁、白果、鸡蛋各适量

调味料 酱油35毫升，糖15克，芝麻盐4克，麻油10毫升，油、盐各适量

做法

1. 将白米糕切段，放入酱油；将胡萝卜洗净切块；将板栗去除内、外皮；将白果热炒后去皮；香菇水泡后，切成4等份；鸡蛋煎成黄白蛋皮，切片。

2. 牛肉加水煮肉汤，捞出肉切块；锅中加水煮沸，放入牛肉、胡萝卜块、板栗、香菇、高汤、酱油、糖、盐、葱末、蒜泥、芝麻盐、麻油，大火煮开后放入白米糕，中火煮13分钟，加入白果与松仁，撒上黄白蛋皮片。

妙用香菇水： 浸泡过香菇的水营养丰富，可做汤底。

一品西葫芦
强健筋骨

原材料 西葫芦100克，牛肉碎200克，干香菇、鸡蛋、洋葱丝、高汤、葱末、蒜末各适量

调味料 芝麻盐、酱油、盐、麻油、黑胡椒、油各适量

做法

1. 西葫芦切成筒形，刻"十"字；干香菇泡软，切丝；牛肉碎拌上干香菇丝，撒上葱末、蒜末和调味料拌匀；蛋清和蛋黄分开煎成片，切丝。

2. 上述材料放入西葫芦的开口处；锅中放上一层洋葱丝，然后将西葫芦放洋葱上，倒入高汤，以小火慢炖至熟。

五彩鳕鱼卷
活血化淤

原材料 鳕鱼1条，芥菜、胡萝卜、干香菇、鸡蛋、圆白菜丝、玉米淀粉各适量

调味料 盐、麻油、酱油、醋、油各适量

做法

1. 鳕鱼切片，用盐腌渍；芥菜洗净切丝；干香菇浸软，切丝；胡萝卜切丝；蛋清和蛋黄分开煎成片，切丝。

2. 鳕鱼片蘸上玉米淀粉，包上芥菜丝、胡萝卜丝、香菇丝和鸡蛋丝，卷紧；入蒸笼蒸熟，冷却后切段。

3. 酱油、醋、麻油制成酸酱；圆白菜丝放盘底，放入鳕鱼卷，以酸酱为蘸酱。

清蒸丰满蟹
补脾益胃

原材料 螃蟹3只，牛肉115克，黄白蛋皮、豆腐、葱、蒜、石耳、红辣椒丝、生菜叶、欧芹叶各适量

调味料 麻油、盐、黑胡椒、油各适量

做法

1. 螃蟹洗净，牛肉剁碎，蟹肉、牛肉碎、豆腐拌匀成牛肉泥，用葱、蒜、麻油、盐、黑胡椒调味；石耳浸泡后切丝。

2. 蟹壳内部抹上油，将牛肉泥填充入蟹壳，摆上鸡蛋丝、石耳丝和红辣椒丝，入锅蒸熟，出锅，在盘中放上生菜，将螃蟹置于其上，饰以欧芹叶。

三色蒸蛤蜊
滋阴润燥

原材料 大蛤蜊7个，牛肉末56克，黄白蛋皮、欧芹、豆腐各适量

调味料 粗盐、芝麻盐、麻油、黑胡椒粉各适量

做法

1. 大蛤蜊洗净，入沸水里氽烫，取蛤蜊肉，洗净；豆腐洗净捣碎。

2. 将蛤蜊肉、牛肉末、豆腐碎用调味料拌匀，填在洗净的蛤蜊壳内，黄白蛋皮切成细丝，欧芹剁碎，将其巧妙地置于蛤蜊上。

3. 将蛤蜊放蒸笼蒸10分钟，出锅，将盘中装上粗盐，蛤蜊置于粗盐之上。

牛肉蔬菜卷

强健筋骨

原材料 牛肉末200克，圆白菜叶、玉米淀粉、葱、蒜、胡萝卜、青辣椒、绿豆芽、欧芹、樱桃各适量

调味料 料酒、酱油、芝麻盐、盐、黑胡椒各适量

做法

1. 圆白菜叶洗净切片，焯水；胡萝卜洗净切块，焯水；青辣椒洗净切块；绿豆芽洗净，焯水。

2. 将牛肉末和胡萝卜块、青辣椒块、绿豆芽拌匀，入蒜、葱和全部调味料调味，捏成肉丸，蘸上玉米淀粉；在圆白菜叶的里层撒上玉米淀粉，将肉丸放进圆白菜叶内，包成卷状。

3. 将圆白菜卷放入蒸笼，蒸15分钟，以欧芹、樱桃装饰即可。

保存用过的油的技巧：在剩下的油凉透之前，用过滤器除掉杂质，放入小瓶子里，盖上盖子，放到阴凉处保存。

五彩鸡蛋卷
健脑益智

原材料 鸡蛋5个，胡萝卜、豆芽、菠菜各60克，干香菇50克，紫菜适量

调味料 盐、酱油、醋、麻油、油各适量

做法

1. 取蛋清煎薄片，切丝；胡萝卜洗净切丝；豆芽、菠菜均洗净，焯水；将所有蔬菜同拌，撒上盐、麻油拌匀；干香菇泡发，切丝；紫菜放竹垫上，将胡萝卜、豆芽、菠菜、鸡蛋丝、香菇丝放紫菜上卷起。

2. 紫菜卷放锅中加热至熟透，压成花朵状；将紫菜卷切成段，并用醋、酱油做蘸酱。

清蒸豆腐
保护肝脏

原材料 豆腐230克，牛肉碎115克，干香菇、石耳、黄白蛋丝、松仁、葱末、蒜、红辣椒丝各适量

调味料 盐、麻油、黑胡椒、糖、醋各适量

做法

1. 将牛肉碎和豆腐撒上适量调味料拌匀，制成饼状；石耳和香菇浸泡，切丝；松仁对切。

2. 豆腐饼入蒸锅，在其表面撒上石耳、香菇、鸡蛋丝、松仁、葱、红辣椒丝，盖上锅盖，蒸熟；待蒸熟的豆腐饼冷却后，切成块，以蒜、醋佐之。

红烧鸡块

补肾益精

原材料 鸡肉700克，胡萝卜70克，香菇10克，白果16克，黄白蛋皮60克，洋葱片80克

调味料 酱油45毫升，糖18克，生姜汁5毫升，芝麻盐、麻油、油各适量

做法

1. 鸡肉洗净，切块；黄白蛋皮切块；胡萝卜、香菇洗净，切块；锅入油烧热，放白果，中火炒2分钟后，去皮。

2. 将鸡肉氽烫2分钟左右；锅里放入鸡块，放入一半调味料与水，大火煮至沸腾时转中火慢慢煮，放入另一半调味料，续煮10分钟，再放入胡萝卜块、香菇块、洋葱续煮5分钟。

3. 汤汁几乎要收干时，放入白果，边淋上肉汤边熬煮3分钟左右；装碗后，上面撒上黄白蛋皮块作为装饰。

> 鸡肉氽烫小技巧：用沸水氽烫鸡肉，更有利于去腥。

鲜蒸蛤蜊
滋阴润燥

原材料 蛤蜊500克，蒜末、葱末、红辣椒丝、松仁、生菜叶各适量

调味料 酱油10毫升，白糖、红辣椒粉、芝麻盐、黑胡椒粉、麻油各适量

做法

1. 蛤蜊用盐水浸泡洗净。

2. 将酱油、白糖、葱末、蒜末、红辣椒丝、红辣椒粉、芝麻盐、黑胡椒粉、麻油调制成调味酱。

3. 将蛤蜊在沸水中汆熟，去除蛤蜊的一面壳，并从蛤蜊肉里剔除其器官，将肉和壳稍稍松动一下，放上适量调味酱和松仁，放生菜叶上摆盘即可。

家常豆腐
益气补虚

原材料 豆腐270克，面粉、高汤、干香菇、青辣椒、红辣椒、煎豆腐各适量

调味料 盐、糖、料酒、酱油、油各适量

做法

1. 豆腐切成8等份，蘸上面粉，用中火在油锅里翻炸；煎豆腐入沸水中焯好，对切；干香菇用水稍稍焯一下，对切；辣椒洗净，每个辣椒保留0.8厘米长的梗，青辣椒、红辣椒皆然。

2. 在高汤中放入糖、盐、料酒、酱油、炸过的豆腐、煎豆腐片、香菇等，小火慢炖，最后加入青辣椒、红辣椒稍稍煮一下，保持辣椒不变色。

马蹄豆腐

防癌抗癌

原材料 豆腐250克，牛肉、胡萝卜、石耳、干香菇、鸡蛋、鹌鹑蛋、葱末、蒜末、玉米淀粉、葱各适量

调味料 盐、芝麻盐、麻油、黑胡椒、油各适量

做法

1. 将豆腐洗净切块，用勺子挖成马蹄型；将牛肉洗净剁碎，撒上葱末、蒜末、盐、芝麻盐、麻油、黑胡椒拌匀；将石耳和干香菇入水中泡发，洗净后切细丝；将葱洗净切丝；将胡萝卜洗净剁碎；将鹌鹑蛋煮熟去壳，切开。

2. 将牛肉碎、石耳丝、香菇丝、葱丝、胡萝卜碎、鹌鹑蛋填入豆腐，蘸上玉米淀粉，在打匀的鸡蛋液里过一遍，入油锅中炸至金黄，再入蒸笼中蒸15分钟；出锅，对切，装盘。

挑选豆腐的技巧： 优质豆腐有浓浓的豆香味，细嫩柔软，有光泽。

豆腐牛肉锅

增强免疫力

原材料 煎豆腐250克，牛肉(里脊)150克，香菇丝10克，葱末5克，蒜泥3克，水芹30克，竹笋块60克，绿豆芽100克，胡萝卜块30克，黄白蛋皮120克，葱20克，蒜10克，熟蛋黄1个

调味料 酱油13毫升，盐、清酱、糖、芝麻盐、胡椒粉、麻油各适量

做法

1. 蒜泥、酱油、糖、葱末、芝麻盐、胡椒粉、麻油混合，做成调味酱料；煎豆腐切块，撒盐备用；锅里放入水、牛肉、葱、蒜做成高汤。

2. 牛肉切丝，放入部分调味酱料，剩余的牛肉剁碎，放入调味酱料；煎豆腐包碎牛肉，用焯好的水芹绑好。

3. 将所有食材摆到火锅中，倒入高汤，大火煮沸，用清酱与盐调味。

营养功效：此品营养美味，可滋补身体，很适合老人和小孩食用。

红枣炖排骨
滋阴壮阳

原材料 排骨600克，红枣、梨汁、葱末、松仁各适量

调味料 黑胡椒盐、盐、清酒、酱油、砂糖、麻油、胡麻油、辣椒粉、油各适量

做法

1. 排骨洗净，用少许调味料腌渍；锅入油烧热，爆香葱末，放入排骨翻炒。
2. 加水，放入红枣、松仁大火煮沸，转为小火炖1小时左右。
3. 放入梨汁及剩余的调味料，煮15分钟即可。

香草炖红蛤
开胃消食

原材料 红蛤250克，干迷迭香、蒜泥、干红辣椒各适量

调味料 粗盐、黑胡椒盐、白酒、蚝油各适量

做法

1. 红蛤洗净；在调理锅内倒入3杯水，然后将干红辣椒、黑胡椒盐、粗盐和红蛤放入锅内，将红蛤烹煮至全熟为止；将煮熟的红蛤的外壳完全翻开，方便调味。
2. 在调理锅内先放入迷迭香，再放入蒜泥、白酒和蚝油搅拌均匀后，将红蛤放入调理锅内焖煮约5分钟。

酱爆牛肉卷
补脾益胃

原材料 牛肉115克，牛蒡、胡萝卜、青辣椒、西红柿块、生菜叶、姜各适量

调味料 料酒、糖、酱油、辣酱各适量

做法

1. 胡萝卜洗净切成铅笔粗的长条，焯水；青辣椒从中间破开，去籽，切成条状。

2. 牛蒡洗净切成长条，在沸水里焯后，加水、酱油、糖煮。

3. 将牛肉切成薄片，将青辣椒条、牛蒡条、胡萝卜条裹住，用牙签固定。

4. 将料酒、糖、酱油、辣酱、姜、水入锅煮稠，放入牛肉卷。

5. 用大火炖煮，直至黏稠，将生菜叶在盘子里铺平，置斜切好的牛肉卷于其上，并以西红柿块装饰。

营养功效：牛肉有补中益气、滋养脾胃、强健筋骨、化痰息风、止渴止涎的功效。

炒白米糕
补中益气

| 原材料 | 白米糕300克，牛肉丝100克，香菇、青辣椒丝、红辣椒丝各15克，南瓜干20克，洋葱丝50克，绿豆芽100克，黄白蛋皮60克，葱末、蒜泥各适量

| 调味料 | 麻油20毫升，盐4克，酱油30毫升，糖15克，胡椒粉、蜂蜜、油各适量

做法

1. 白米糕切段，加麻油搅拌；香菇与南瓜干洗净切条；绿豆芽洗净焯熟。

2. 锅入油烧热，放入洋葱丝、南瓜干、青辣椒丝、红辣椒丝翻炒；牛肉丝与香菇用部分调味料调味；重起油锅，放入白米糕、葱末、蒜泥及剩余调味料翻炒；再加入其他食材炒30秒左右后熄火，放上黄白蛋皮搅拌均匀。

炒白米糕小秘方：喜欢食辣者，可加入辣椒酱调味。

酱爆狮子头
降压降脂

原材料 秋刀鱼300克，洋葱、黄瓜块、胡萝卜、面包屑、蒜、葱、生姜各适量

调味料 酱油、辣椒粉、糖、盐、黑胡椒、油各适量

做法

1. 秋刀鱼洗净，取肉切碎；胡萝卜和洋葱洗净剁细，撒盐腌渍；秋刀鱼、洋葱、葱、蒜、生姜、盐、黑胡椒、面包屑放一起，拌匀，捏成肉丸。

2. 肉丸炸熟；锅中加水、酱油、蒜、生姜、辣椒粉、糖、肉丸，小火慢炖；将黄瓜块、肉丸、胡萝卜装盘。

火爆双脆
补肾益精

原材料 鸡胗300克，鸡肝300克，香菇3朵，竹笋115克，冻豆腐150克，青椒、红椒、淀粉、肉汤、西红柿各适量

调味料 酱油、盐、姜汁、糖、黑胡椒各适量

做法

1. 鸡胗、鸡肝、香菇、西红柿、冻豆腐、青椒、红椒洗净切好；将姜汁与鸡胗、鸡肝一起爆炒，加入剩余处理好的食材，继续翻炒片刻，以酱油、糖、盐、黑胡椒调味。

2. 肉汤中倒入淀粉，拌匀，倒入锅中，待煮沸，汤汁变黏稠后即可食用。

黄姑鱼拼盘

利水消肿

原材料 黄姑鱼脯300克，黄瓜条50克，红辣椒块20克，香菇块15克，石耳块2克，黄白蛋皮60克，松仁5克，绿豆粉30克

调味料 醋15毫升，辣椒酱38克，糖6克、盐、白胡椒粉各适量

做法

1. 黄姑鱼脯洗净切条，用盐与白胡椒粉腌渍；辣椒酱、醋、糖混合拌匀，做成醋辣椒酱。

2. 黄瓜条、红辣椒块、香菇块、石耳块、黄姑鱼脯蘸上绿豆粉，入开水中焯烫；黄姑鱼汆烫捞出放凉。

3. 黄白蛋皮切块，与黄姑鱼、黄瓜、红辣椒、香菇、石耳一起整齐美观地排放在盘子里，中间撒上松仁，配醋辣椒酱上桌。

处理黄姑鱼的小技巧：黄姑鱼洗净后切条腌渍，会更入味。

蔬菜煎蛋

益气补血

原材料 牛肉115克，鸡蛋3个，洋葱、胡萝卜、芥菜、香菇、黑木耳、鸡蛋、葱末、蒜各适量

调味料 酱油、麻油、芝麻盐、黑胡椒、糖、盐、油各适量

做法

1. 牛肉清洗干净，依其纹路切成细丝。

2. 洋葱、胡萝卜、黑木耳、香菇分别洗净切丝；芥菜洗净切成3厘米长的段。

3. 将牛肉丝、蔬菜丝、葱末、蒜和适量调味料，入锅翻炒，炒好后将鸡蛋直接打破，完整地覆盖在菜丝上，待鸡蛋六分熟后，将菜分成3等份，每份上有一个煎了一面的嫩鸡蛋，出锅即可。

巧做煎蛋： 油烧热后，将鸡蛋打入，在其处于半凝固状态时，洒几滴热水，这样煎出来的鸡蛋均匀完整，色泽白亮，口感嫩滑。

海鲜豆腐汤
增强免疫力

原材料 嫩豆腐120克，蛤蜊肉90克，猪肉115克，葱、蒜各适量

调味料 酱油、红辣椒粉、牛油、黑胡椒各适量

做法

1. 将红辣椒粉和牛油制成红辣椒油；猪肉洗净切丝；蛤蜊肉洗净，去内脏。

2. 将猪肉丝和蒜加入红辣椒油中翻炒片刻，倒入酱油调味，然后再倒入两杯水，慢慢加热。

3. 待汤煮沸后，将嫩豆腐加入，再次煮沸，然后加入蛤蜊肉和斜切的葱，煮熟后放入剩余调味料。

酱爆干贝
滋阴补肾

原材料 干贝115克，牛肉56克，蒜、生姜、芝麻各适量

调味料 酱油、糖各适量

做法

1. 蒜切片；生姜洗净后切成细末；牛肉清洗干净切片。

2. 将干贝放在清水中泡软。

3. 将牛肉片和干贝放在锅里炖，加入蒜片、姜末以及酱油和糖，中火炖成黏稠状。

4. 将炖好的菜肴装盘，撒上芝麻即可。

牛肉胡萝卜炒年糕
补肝明目

原材料 年糕300克，牛肉115克，胡萝卜115克，竹笋56克，蘑菇、黄瓜、葱、蒜各适量

调味料 酱油、糖、芝麻盐、麻油、油各适量

做法

1. 年糕切条，用沸水焯后入冷水放凉。

2. 将牛肉洗净切成厚条，并用调味料腌渍；将胡萝卜、竹笋、蘑菇、黄瓜洗净切成4厘米长的扁平长方形条。

3. 将腌渍好的牛肉条放入油锅内炒熟，加入胡萝卜条、竹笋条、蘑菇条、黄瓜条、年糕、葱、蒜炒熟，用糖和酱油调味，搅匀。

牛肉　　　　胡萝卜

处理竹笋的技巧： 竹笋先去掉根部，再用刀从头到尾不间断地均匀削皮。

香脆肺片
止咳补虚

原材料 猪肺300克，鸡蛋1个，面粉、柠檬各适量

调味料 盐、黑胡椒、橄榄油各适量

做法

1. 去除猪肺上的薄膜，并用水冲洗干净，去除所有血污。

2. 将猪肺切成薄片，在其上轻轻刻痕，然后用盐和黑胡椒腌渍。

3. 将肺片蘸上面粉和打匀的鸡蛋液。

4. 柠檬洗净，切片；将肺片放在中温油锅里煎成金黄色，出锅装盘，放上柠檬片。

双椒爆牛肉
强健筋骨

原材料 嫩牛肉225克，蒜3瓣，玉米淀粉、青辣椒、红辣椒各适量

调味料 盐3克，料酒、酱油、糖、油各适量

做法

1. 将牛肉洗净切丝，并用料酒、糖、酱油、盐、玉米淀粉调味，腌渍10分钟；将青辣椒、红辣椒洗净切丝，在热水里焯一下，去掉辣味；将蒜切片；将青辣椒丝，红辣椒丝放入油锅翻炒，放适量盐和糖调味。

2. 另起锅，爆炒腌渍过的牛肉丝和蒜片片刻后加入双色辣椒丝一起爆炒。

盐水豆腐炒肉
益气补虚

原材料 豆腐100克，牛肉115克，冻豆腐60克，胡萝卜60克，灯笼椒、干香菇各适量

调味料 料酒、酱油、糖、姜汁、黑胡椒、油各适量

做法

1. 冻豆腐切块；牛肉、胡萝卜洗净切块；灯笼椒洗净对切，去籽，切块。
2. 干香菇入水泡发，去蒂后切块。
3. 热锅放油，将牛肉、胡萝卜、香菇、豆腐放入油锅煎炒片刻，然后加水煮沸，待胡萝卜煮熟时改用旺火，加入调味料和灯笼椒爆炒至收汁即成。

泡菜炒肉
滋阴润燥

原材料 猪肉300克，泡菜300克，青辣椒、红辣椒、洋葱、葱花、蒜片各适量

调味料 红辣椒酱、糖、芝麻盐、黑胡椒、麻油、油各适量

做法

1. 猪肉洗净切片；将调味料全部拌在一起，制成香辣酱；在肉片中加入适量香辣酱，拌匀，使之入味。
2. 将泡菜里的香料去除，挤干水分，切成小片；青辣椒和红辣椒洗净切丝。
3. 将洋葱洗净后切成细丝；将猪肉先在油锅里翻炒一下，然后加入剩余原材料爆炒至熟。

蘑菇什锦锅

降压降脂

原材料 草菇60克，松茸120克，鲜香菇60克，牛肉150克，水芹50克，小葱20克，红辣椒丝、葱末、蒜泥各适量

调味料 盐4克，清酱8克，糖2克，芝麻盐1克，胡椒粉2克，麻油2毫升

做法

1. 将盐、清酱、糖、葱末、蒜泥、芝麻盐、胡椒粉、麻油混合均匀，做成调味酱料；将草菇、松茸、鲜香菇洗净切条。

2. 牛肉洗净切丝，放入调味酱料搅拌入味；小葱、水芹洗净切段。

3. 将准备好的材料和红辣椒丝按颜色整齐地排列在炖锅中，倒入水；大火煮约4分钟，沸腾时转中火续煮10分钟，放入清酱与盐调味。

营养功效： 草菇能消食去热，滋阴壮阳，增加乳汁，预防维生素 C 缺乏症，促进伤口愈合。

红烧牛肉
强健筋骨

原材料 牛肉600克，鹌鹑蛋20个，青辣椒、红辣椒、蒜各适量

调味料 酱油、糖各适量

做法

1. 牛肉洗净切块；将鹌鹑蛋煮7分钟，剥皮；将青辣椒、红辣椒洗净柄留0.8厘米长；将牛肉放入锅内，加水，使之漫过牛肉，大火煮沸，然后用小火慢炖。

2. 待牛肉烂熟后，加入蒜、酱油、糖，继续用小火炖，最后加入鹌鹑蛋和青辣椒、红辣椒，煮沸。

3. 装盘时将牛肉切丝，辣椒对切。

酱爆牛蒡
止渴止涎

原材料 牛蒡230克，牛肉115克，豆腐115克，松仁粉适量

调味料 酱油、糖、料酒各适量

做法

1. 牛蒡削皮洗净，在沸水中焯好后切成粗条；牛肉洗净切成0.6厘米厚的条。

2. 豆腐洗净切小块；将牛肉、牛蒡、豆腐块和调味料一起放进锅中，盖上锅盖，小火慢炖，等到锅中水基本煮干时，揭开锅盖，大火炖至黏稠状。

3. 将食物出锅装盘，并撒上适量松仁粉即可。

葵花献肉
补虚强身

原材料 猪肉115克，洋葱、青辣椒、圆白菜、胡萝卜、白果、玉米淀粉各适量

调味料 红辣酱、黄酒、姜汁、盐、酱油、糖、油各适量

做法

1. 所有材料洗净，青辣椒切段；洋葱切碎；圆白菜切丝；胡萝卜切花状；猪肉捣碎，以洋葱碎、玉米淀粉、盐和姜汁调味，捏成肉丸，入玉米淀粉里滚一遍入油锅中炸。

2. 水、红辣酱、黄酒、酱油、糖放入锅中煮沸，肉丸放入，小火慢煮，然后加入青辣椒，慢炖片刻，煮好后将肉丸、青辣椒、白果用牙签串起；将圆白菜丝、花状胡萝卜、串好的肉丸青辣椒装盘。

挑选圆白菜的技巧： 应挑选外表光滑、没有伤痕、没有虫子洞的圆白菜，另外，颜色鲜绿的圆白菜会比较新鲜。

335

红烧猪肉

润泽肌肤

原材料 猪肉300克，洋葱、青辣椒、红辣椒、葱、蒜碎、生姜各适量

调味料 调味酱、酱油、红辣酱、油各适量

做法

1. 将生姜洗净切碎；将猪肉洗净，切成4厘米宽的小片，并拌以调味酱。

2. 将青辣椒洗净从中间破开，去籽，切成宽0.8厘米、长1.2厘米的小块；将洋葱洗净切成同样大小的块状。

3. 将调好味的猪肉放入高温油锅里煎炒，再加入所有原材料和调味料爆炒片刻即可。

猪肉

洋葱

烹饪猪肉的技巧：猪肉应先用大火煮，煮到一定程度后再转小火慢慢煮熟。

烧烤牛肉
补脾益胃

原材料 牛肉600克，生菜、茼蒿、芝麻叶、蒜苗、葱片、蒜片各适量

调味料 糖、黄酒、酱油、芝麻盐、麻油、黑胡椒各适量

做法

1. 牛肉洗净切片，刻痕使之口感更柔软，切成小块，加入糖和黄酒腌渍。

2. 在牛肉中再放入酱油、葱片、蒜片、芝麻盐、麻油、黑胡椒，腌渍，使之入味。

3. 将入味的牛肉放入烤架或者烤盘上；用炭火烤，以生菜、芝麻叶、茼蒿和蒜苗做配菜，风味绝佳。

油炸海草
软坚化痰

原材料 海草1片，松仁适量

调味料 糖、油各适量

做法

1. 将海草用一块湿布包住。

2. 待海草变湿后，将之剪成10厘米长、0.8厘米宽的小片。

3. 将海草制成蝴蝶结状，用剪刀将海草蝴蝶结的两端剪齐，并将松仁置于其中部。

4. 将油加热至170℃，将海草蝴蝶结放入，直至炸脆，沥干，并撒上糖，在食物篓中铺一张餐用剪纸，将海草蝴蝶结有序放于其上。

烤牛肉饼
补中益气

原材料 牛肉600克，梨汁70毫升，松仁粉3克，生菜50克，葱末、蒜泥各适量

调味料 酱油90毫升，糖36克，蜂蜜21毫升，姜汁16毫升，芝麻盐6克，胡椒粉0.5克，麻油26毫升

做法

1. 牛肉洗净切片，划痕，用梨汁腌渍；葱末、蒜泥加调味料做成酱料。
2. 牛肉里放入酱料腌渍；将腌好的牛肉放在铁架子上烤熟。
3. 在烤好的牛肉饼上，撒上松仁粉，配生菜上桌。

烤鱿鱼
调节血糖

原材料 鱿鱼2条，葱2棵，蒜末、青辣椒、红辣椒丝各适量

调味料 红辣椒酱、糖、芝麻盐、酱油、麻油、黑胡椒各适量

做法

1. 将鱿鱼处理干净，划痕切块；将葱洗净切末。
2. 将鱿鱼放在沸水中余好后，沥干。
3. 用红辣椒酱、糖、蒜末、葱末、芝麻盐、麻油、红辣椒丝、黑胡椒、酱油制成调味酱。在鱿鱼块上刷调味酱，放在烤架上以中火烤熟，摆上青辣椒即可。

盛装烤鸡
补肾益精

原材料 鸡1只，西红柿1个，洋葱条、胡萝卜条、欧芹各适量

调味料 盐、甜酱、黑胡椒、姜汁各适量

做法

1. 鸡洗干净，撒上盐、黑胡椒、姜汁，腌渍片刻；切除鸡头，用鸡脖上的皮包件切口，并用牙签将其固定。

2. 将一部分洋葱条、胡萝卜条放在烤盘底部，将鸡置于其上，然后将剩下的蔬菜切好，盖在鸡上；将鸡和蔬菜放入烤箱烤10分钟，取出，放入烤炉中单独烤10分钟，取出，涂上甜酱，再烤20分钟至熟。

3. 将烤好的鸡装盘，在鸡腿上包上锡纸，在鸡脖上系上粉色丝带，并用西红柿和欧芹作点缀。

营养功效： 此菜品外焦里嫩，营养丰富，适合滋补身体食用。

烤猪肉
补虚强身

原材料 猪肉550克，葱末14克，蒜泥8克，装饰菜适量

调味料 姜汁8毫升，酱油50毫升，辣椒酱19克，辣椒粉14克，糖、清酒、胡椒粉、麻油各适量

做法

1. 猪肉洗净切片，划痕；姜汁、清酒、酱油、辣椒酱、辣椒粉、糖、葱末、蒜泥、麻油、胡椒粉做成调味酱料；猪肉里放入调味酱料腌渍，然后放在加热的铁支架上烤熟。
2. 将装饰菜铺在盘子里，再放上烤好的猪肉片。

烤鳗鱼
滋补强身

原材料 鳗鱼2条，黄瓜、红辣椒圈、葱末、蒜末各适量

调味料 姜汁、糖、料酒、酱油、芝麻盐、黑胡椒、麻油各适量

做法

1. 鳗鱼去头和内脏，从中间破开，切块。
2. 将葱末、蒜末和调味料放在锅中加热，制成浓汁。
3. 用刀背敲打鳗鱼，然后切成小块，在烤架上将之翻烤。
4. 在鳗鱼块上涂上一层浓汁，并将其再次放在烤架上翻烤，将烤好的鳗鱼块装盘，并以黄瓜和红辣椒圈装饰。

烤干明太鱼
健脾益胃

原材料 干明太鱼140克，葱末5克，蒜泥3克，紫苏叶2片

调味料 盐2克，油13毫升，酱油6毫升，糖6克，辣椒酱57克，姜汁、芝麻盐、胡椒粉、麻油、油各适量

做法

1. 干明太鱼洗净，切段划痕。
2. 葱末、蒜泥及调味料做成调味酱料。
3. 在铁架子上抹上油后，放上干明太鱼，将铁架子放在离大火15厘米高的位置，正面微烤1分钟，再翻过来背面微烤1分钟左右。
4. 烤好的干明太鱼上均匀抹上调味酱料，将它放在离大火15厘米高的位置，正面烤2分钟，再翻过来背面烤1分钟；饰以紫苏叶装盘即可。

> **营养功效：** 明太鱼富含优质的烟酸和维生素A，还含有一种视黄醇，具有极好的美容防皱功效。

调味烤黄花鱼

益气填精

原材料 黄花鱼500克，葱末5克，蒜泥3克，柠檬片适量

调味料 酱油6毫升，糖6克，辣椒酱57克，姜汁6毫升，芝麻盐1克，胡椒粉2克，麻油13毫升，盐、油各适量

做法

1. 黄花鱼洗净，划痕，抹酱油、麻油腌渍；葱末、蒜泥及调味料做酱料。

2. 加热的铁架子上抹油，放上黄花鱼，将铁架子放在距离火15厘米左右高的位置上，用中火正面烤4分钟，翻过来背面烤3分钟左右。

3. 黄花鱼烤至颜色呈金黄色时，抹酱料，用中火正面烤10分钟，翻过来背面烤10分钟左右，注意不要烤煳，再以柠檬片装饰。

营养功效：黄花鱼可开胃益气，调中止痢，明目安神，改善久病体虚、少气乏力、头昏神倦、肢体浮肿。

香辣奶参

补中益气

原材料 奶参15个，蒜末、葱末各适量

调味料 红辣椒酱、红辣椒粉、酱油、糖、芝麻盐、麻油、盐各适量

做法

1. 将奶参放在水中浸泡，去皮，再放入盐水中，去除其辛辣味，沥干。

2. 用一块干布将奶参擦干。

3. 用木槌将奶参拍扁。

4. 将红辣椒酱、红辣椒粉、酱油、蒜末、葱末、糖、芝麻盐、麻油、盐拌在一起，倒入锅中加热，直至调味酱变浓成红辣酱，将奶参放在烤架上翻烤，涂上红辣酱。

白果牛肉串

补脾益胃

原材料 牛肉300克，白果、洋葱块、胡萝卜块、青辣椒块、欧芹、淀粉各适量

调味料 盐、黑胡椒、油各适量

做法

1. 牛肉洗净切块划痕，和洋葱块、胡萝卜块、青椒块撒上盐和黑胡椒，腌渍片刻；白果焯熟；将上述材料串起来，撒上一层淀粉。

2. 将油锅里的油温加热至180℃，然后将肉串放入，每次可同时炸2～3串，炸一次后拿出，几分钟后再炸一次；将炸好的肉串放在吸水纸上沥干，装盘，并以欧芹饰之。

泡菜肉串
滋阴润燥

原材料 猪肉条225克，泡菜225克，鸡蛋、葱段、欧芹、面粉、蒜碎、胡萝卜各适量

调味料 姜汁、酱油、糖、麻油、油各适量

做法
1. 猪肉用姜汁、蒜碎、酱油、糖腌渍。
2. 泡菜切条，用麻油和糖来调味。
3. 将肉条、泡菜条、葱段交替串在肉签上，将肉串的一边蘸上面粉。
4. 将肉串放在打匀的鸡蛋液里蘸一下，在油锅里煎至金黄色，起锅装盘，以欧芹和胡萝卜装饰，蘸调味料食用。

回锅肉串
增强免疫力

原材料 熟猪肉150克，香菇6朵，胡萝卜2根；黄瓜条、黄白蛋皮、松仁粉、欧芹、葱丝、蒜碎各适量

调味料 芝麻盐、麻油、糖、黑胡椒、酱油、油各适量

做法
1. 将熟猪肉切条；香菇、胡萝卜洗净切条焯熟备用。
2. 熟猪肉、焯熟的原材料和黄瓜条、黄白蛋皮加入适量调味料及葱丝、蒜碎调味，入油锅里煎炸片刻；以上原料串到竹签上；装盘，在其表面撒上适量松仁粉，并以欧芹装饰。

烤牛排

益精补血

原材料 牛排660克，松仁粉10克，梨汁40毫升，葱末14克，蒜泥8克

调味料 清酒15毫升，酱油36毫升，糖12克，洋葱汁15毫升，蜂蜜10毫升，胡椒粉1克，芝麻盐、麻油、油各适量

做法

1. 牛排洗净划痕切块；将糖、洋葱汁、蜂蜜、葱末、蒜泥、胡椒粉、芝麻盐、麻油做成调味酱料。

2. 牛排中放入梨汁、清酒、酱油，腌渍10分钟左右；牛排放入调味酱料中，均匀搅拌腌渍30分钟至1小时。

3. 在铁架子上抹少许油后，放上牛排，用大火前后面各烤2分钟左右。牛排上抹调味酱料，再烤1分钟左右后，撒上松仁粉（注意防止烤煳）。

烤牛排小技巧： 喜欢吃嫩牛排者，可以适当控制烤牛排的时间，避免烤制时间太长。

345

五彩牛肉串
补肝明目

原材料 牛肉120克，风铃草根120克，蕨菜根56克，胡萝卜条40克，香菇5朵，葱丝、蒜碎、小葱各适量

调味料 酱油、芝麻盐、麻油、黑胡椒各适量

做法

1. 牛肉洗净切条；风铃草根、香菇洗净焯好，切条。

2. 酱油、芝麻盐、葱丝、蒜碎、麻油、黑胡椒做成调味酱；用少许调味酱将牛肉条浸泡；在香菇、胡萝卜、蕨菜、小葱、风铃草根上撒调味酱。

3. 以上原料交替串上竹签，入锅煎熟。

水梨酱烤牛肉
强健筋骨

原材料 牛肉600克，葱花、松仁粉、水梨、洋葱、蒜泥各适量

调味料 葡萄籽油、酱油、清酒、麻油、盐各适量

做法

1. 将牛肉洗净切片，用肉槌轻轻敲打，让肉质变得更加细薄和柔嫩。

2. 将水梨、洋葱、葡萄籽油和蒜泥制作成水梨酱，将牛肉放入；将其余调味料放入牛肉和水梨酱中。

3. 锅中倒入葡萄籽油加热，将牛肉放入煎好摆放在盘子上，撒上少许松仁粉和葱花装饰。

蔬菜串肉

延缓衰老

原材料 熟牛肉100克，香菇15克，桔梗100克，胡萝卜50克，黄瓜条100克，黄白蛋皮180克，葱末3克，蒜泥2克，松仁粉9克，肉汤200毫升

调味料 酱油18毫升，糖6克，盐1克，胡椒粉、麻油、芝麻盐各适量

做法

1. 酱油、糖、葱末、蒜泥、芝麻盐、胡椒粉、麻油混合，做成调味酱料；熟牛肉切片，放入少许调味酱料调味；

2. 桔梗、胡萝卜去皮，洗净后切条，焯熟备用；松仁粉、肉汤、盐混合，做成松仁汁。

3. 将准备好的材料按颜色搭配穿成串儿，旋转放入盘子中，抹上剩余调味酱料，浇上松仁汁。

> **桔梗处理小技巧：** 为让桔梗更入味，可以先用盐腌渍。

香炸牛肉卷

补中益气

原材料 牛肉300克，芝麻叶10片，豆腐40克，鸡蛋1个，面粉20克，黄瓜、欧芹、胡萝卜、葱丝、蒜碎各适量

调味料 芝麻盐、麻油、盐、黑胡椒、油各适量

做法

1. 牛肉洗净剁碎；豆腐洗净捏碎；将豆腐、牛肉、葱丝、蒜碎、芝麻盐、麻油、黑胡椒和盐放在一起，拌匀。

2. 芝麻叶洗净，蘸上一层面粉；在每片叶子上放豆腐牛肉泥，制成卷状，然后用一根竹签将肉卷固定起来。

3. 将肉卷先后在面粉和打匀的鸡蛋液里蘸一下，炸熟；将黄瓜切成薄薄的圆片，沥干，在盘子外围摆成一个圆环形；将肉卷斜切成两半，放在盘子中间，并以欧芹和胡萝卜装饰。

营养功效：此菜品能健脑益智，改善记忆力，并能促进肝细胞再生。

三色炸虾
补肾壮阳

原材料 鲜虾6只，鸡蛋2个，面粉、黑芝麻、白芝麻、花生末、欧芹、柠檬片、高汤各适量

调味料 姜汁、酱油、料酒、盐、黑胡椒、油各适量

做法

1. 鲜虾洗净，去头、尾，虾仁部分蘸上面粉，撒上盐和黑胡椒；鸡蛋、面粉制成糊。

2. 虾蘸糊、白芝麻、黑芝麻、花生末，入油锅炸熟；将姜汁、酱油、料酒、高汤放在锅中加热，做成调味酱；虾装盘，饰以欧芹和柠檬片。

油炸时蔬
益气调中

原材料 土豆300克，胡萝卜100克，芝麻叶、茼蒿、洋葱、牛蒡、青辣椒、面粉、鸡蛋黄、冰水各适量

调味料 盐水、油各适量

做法

1. 土豆洗净切片；牛蒡和胡萝卜洗净切丝，焯熟；洋葱洗净切片，用牙签横向将其固定；芝麻叶、茼蒿洗净。

2. 在青辣椒上轻轻刻痕；鸡蛋黄加进面粉中，再加上冰水、盐水，制成糊。

3. 将准备好的蔬菜在糊里蘸一下后，放入180℃的高温油锅中稍稍翻炸即可食用。

蘑菇青葱香肠串
防癌抗癌

原材料 蘑菇12朵，香肠5根，青葱3颗
调味料 盐水、辣椒酱、油各适量

做法

1. 将蘑菇洗净后，对半切开。
2. 将香肠放入盐水中浸泡一段时间，捞起来后切成约3厘米的长度。
3. 青葱洗净切成小段，使用竹签将这些食材串起来。
4. 将辣椒酱汁涂抹在香肠串上，放入油锅煎烤。

柚子酱烤鲭鱼
滋补强身

原材料 鲭鱼1条，黄豆芽30克，白萝卜30克，洗米水适量
调味料 烧盐（烘焙过的精盐）、葡萄籽油、柚子海鲜酱各适量

做法

1. 将鲭鱼洗净，放入洗米水中浸泡；白萝卜洗净切丝；黄豆芽洗净焯熟。
2. 将浸泡过的鲭鱼放在滤网上，撒上少许烧盐后放在室温中腌制。
3. 在锅中倒入葡萄籽油，加热后将盐腌的鲭鱼放入锅内煎烤。
4. 鲭鱼摆在盘中，淋少许的柚子海鲜酱后，再放上黄豆芽和白萝卜丝装饰。

嫩烤牛肉杏鲍菇

延缓衰老

原材料 杏鲍菇4根，牛肉碎150克，白果8颗，松仁粉、红薯粉各适量

调味料 葡萄籽油、盐、胡椒粉、油、紫苏酱汁、紫苏油、酱油、昆布水、米酒各适量

做法

1. 将杏鲍菇横切成0.5厘米厚的片。
2. 白果洗净焯熟；牛肉碎混合盐、胡椒粉后，再蘸上红薯粉，然后将调味好的牛肉摆放在杏鲍菇片上。

3. 将葡萄籽油、紫苏酱汁、紫苏油、酱油、昆布水、米酒调成紫苏酱汁。
4. 油加热，将杏鲍菇放入煎烤后摆盘，淋上紫苏酱汁，然后摆放好白果和松仁粉。

煎烤杏鲍菇的技巧： 煎烤杏鲍菇时，一定要倒入同等比例的葡萄籽油和紫苏油，这样才可以让否鲍菇的口感更加甜美。

辣椒烤牛肉串
补脾益胃

原材料 烤牛肉片600克，松仁粉100克，青椒、葱花、梨汁、蒜泥各适量

调味料 酱油、砂糖、清酒、生姜粉、麻油、盐、胡椒粉各适量

做法

1. 用肉槌将牛肉片敲薄，使其肉质更加柔嫩；将青椒放入水中洗净后，切除蒂部。

2. 将梨汁、蒜泥和调味料放入碗中，然后将处理好的牛肉和青椒放入调味料中腌渍。

3. 将腌好的牛肉和青椒用竹签穿成串煎烤，摆盘，饰以松仁粉和葱花。

烤豆腐沙拉
保护肝脏

原材料 豆腐1块，生菜130克

调味料 烧盐（烘焙过的精盐）、芥末酱、葡萄籽油各适量

做法

1. 将豆腐洗净，切成三角形放入盘子中，撒上少许烧盐后先放置在一旁。

2. 在锅内倒入少许葡萄籽油，然后将豆腐放入热锅中煎成金黄色。

3. 用手将新鲜的生菜一片片剥开后，摆放在盘子上。

4. 将豆腐摆在生菜上，淋上芥末酱。

烧烤排骨

益精补血

原材料 排骨、生菜叶、蒜末、葱花、松仁各适量

调味料 黄酒、糖、酱油、芝麻盐、麻油各适量

做法

1. 洗净排骨，在肉多的地方刻痕，再将肉放平，深深划痕后入碗内。
2. 糖和黄酒放入装排骨的碗中，拌匀。
3. 将酱油、葱花、蒜末、芝麻盐、麻油拌在一起，制成调味酱。
4. 将调味酱倒入拌匀的排骨中，腌渍1小时；将腌渍好的排骨放在烧烤架上翻烤至熟，垫上生菜叶，放入盘中，撒上松仁。

辨识肉的生熟程度的技巧： 用手指轻按，发觉肉松松的像布丁一样，那就是没熟透；稍微硬一些的是半熟；若感觉很硬，就说明完全熟透了。

烧烤猪排
滋阴壮阳

原材料 猪排1200克，柠檬片、葱丝、蒜碎各适量

调味料 酱油、黑胡椒、糖、姜汁、芝麻盐、麻油各适量

做法

1. 猪排洗净切段，以姜汁和糖拌匀。

2. 将酱油、糖、葱丝、蒜碎、芝麻盐、麻油、黑胡椒拌在一起，制成调味酱；将调味酱倒入猪排中，将其用手拌匀，使猪排更加入味。

3. 将猪排放在烧烤架上翻烤；在烤好的猪排上面放上柠檬片佐味。

香辣烤肉
补虚强身

原材料 猪肉600克，生菜叶、黄瓜、泡菜、葱丝、芝麻叶、蒜碎各适量

调味料 红辣椒酱、糖、芝麻盐、麻油、姜汁、酱油、黑胡椒各适量

做法

1. 猪肉洗净，切片，划刻痕，洒上姜汁，拌匀。

2. 红辣椒酱、酱油、葱丝、蒜碎、芝麻盐、麻油、糖和黑胡椒拌匀，制成香辣酱，倒入肉片中，抹匀。

3. 将肉片放到烤架上，用中火翻烤，装盘，并佐以生菜叶、芝麻叶、黄瓜、泡菜等配菜。

烤牛肠

调节血脂

原材料 牛肠、葱、蒜、生菜叶、茼蒿、红辣椒各适量

调味料 盐、麻油、芝麻盐、黑胡椒、油各适量

做法

1. 牛肠洗净，切段。

2. 将蒜剥瓣洗净；将红辣椒洗净，切成小圈。

3. 在牛肠中加入麻油、黑胡椒、盐，搅拌均匀。

4. 将烤架烧热，抹上一层油，将牛肠放上去翻烤；将蒜放在烤架边上，小烤片刻。

5. 将生菜叶和茼蒿铺在盘上，将烤熟的牛肠置于其上，并以蒜、黑胡椒、盐、芝麻盐、红辣椒佐之。

营养功效： 牛肠富含蛋白质，可增强免疫力。牛肠还含有营养素铜，对心、肝等内脏的发育有重要影响。

水芹牛肉蛋卷

滋阴润燥

原材料 牛肉120克，水芹50克，红辣椒10克，黄白蛋皮120克

调味料 盐6克，辣椒酱38克，醋15毫升，糖6克

做法

1. 锅加水，放入牛肉煮熟，放凉切片。

2. 水芹去叶，洗净梗。

3. 红辣椒切成长3厘米、宽0.3厘米的丝；黄白蛋皮切条；盐、辣椒酱、醋、糖混合拌匀，做成醋辣椒酱。

4. 锅里倒入水，大火煮3分钟左右，沸腾时放入盐与水芹，焯烫30秒左右，用水清洗，切成15厘米左右的段；将牛肉片、黄白蛋皮条、红辣椒丝按顺序放上，在中间部分用水芹缠绕绑好，配醋辣椒酱一起上桌。

营养功效：芹菜是改善高血压及其并发症的首选之品，对血管硬化、神经衰弱患者亦有辅助改善作用。

鲜烤马鲛鱼
延缓衰老

原材料 马鲛鱼1条，白萝卜丝、黄瓜片、柠檬片、欧芹各适量

调味料 盐5克，油适量

做法

1. 马鲛鱼去鳞，洗净，清除内脏，切成4块，在每块的正反两面都划花刀；鱼块上撒盐，腌渍片刻。

2. 在烤架上抹上油，将腌渍过的鱼放上去翻烤至熟。如果是用烤炉来烤，可将鱼放在加热过的盘中烤熟。

3. 盘中铺一层萝卜丝，将烤好的鱼块置于其上，并以欧芹、黄瓜片、柠檬片装饰。

烤加文鱼
防癌抗癌

原材料 加文鱼1条，西红柿片、黄瓜片、生菜叶、葱末、蒜末各适量

调味料 酱油、醋、芝麻盐、姜汁、糖、红辣椒粉、麻油、黑胡椒各适量

做法

1. 加文鱼洗净，去除鱼鳞和内脏。

2. 在鱼的两面每间隔2厘米处刻痕。

3. 将葱末、蒜末和各种调味料拌在一起制成调味酱；在加文鱼上刷上调味酱，放到烤架上用中火翻烤，直至呈金黄色。

4. 将加文鱼装盘，并用生菜叶、西红柿片、黄瓜片装饰。

滋补靓汤
Zi Bu Liang Tang

汤可以融入百味，每一种食材经过熬煮都可以将其营养融入汤品之中。韩国的饮食比较讲究营养，在众多的美味佳肴中最具营养的非汤莫属。在这里我们将为大家介绍更多滋补靓汤的做法，同时也为大家精选了颇具特色的韩式火锅及锅仔，让您大饱口福。

白萝卜牛肉汤
补中益气

原材料 牛肉块300克，白萝卜块300克，葱40克，蒜10克

调味料 清酱3克，胡椒粉1克，盐5克

做法

1. 葱、蒜洗净切好；锅里放入牛肉与水，大火煮开，转中火，放入葱、蒜、白萝卜块、清酱。
2. 牛肉熟时用调味料调味即可。

海带汤
补脾益胃

原材料 海带、牛肉、蒜泥各适量

调味料 胡椒粉1克，清酱6克，麻油13毫升，盐3克

做法

1. 海带洗净切段；牛肉洗净切片，用蒜泥和调味料调味；热锅里抹上麻油后，放入牛肉用中火炒2分钟左右。
2. 加入泡发的海带、水和调味料煮熟。

牛骨炖汤

强健筋骨

原材料 牛骨1千克，牛膝骨600克，牛舌700克，牛腩肉200克，牛腱肉200克，葱30克，蒜65克，生姜20克，洋葱50克

调味料 盐5克，胡椒粉1克

做法

1. 牛骨、牛膝骨、牛舌焯水；锅中加水、牛骨、牛膝骨，大火煮至沸腾，转中火慢熬；再放入牛舌、牛腩肉、牛腱肉等煮1小时左右，放入葱、蒜、生姜、洋葱续煮1小时左右，转小火再煮30分钟左右。

2. 牛舌与牛肉煮熟，切片；汤晾凉去除油脂，用盐与胡椒粉调味，大火煮10分钟。

3. 汤碗里装上切好的牛舌和牛肉片，倒入牛骨炖汤，配调味酱料上桌。

营养功效：牛舌蛋白质含量高，脂肪较低，有补气健身的作用。

参鸡汤

益气养血

原材料 鸡1只，糯米180克，水参40克，蒜20克，红枣16克，葱20克，黄芪20克，黄白蛋皮适量

调味料 盐12克，胡椒粉1克

做法

1. 鸡洗净；糯米洗净；黄芪清洗泡发；水参洗净；蒜与红枣清洗干净；锅里放黄芪与水，大火煮20分钟，沸腾时转中火续煮40分钟，用筛子过滤成黄芪水；葱洗净，切条。

2. 将糯米、水参、蒜、红枣塞入鸡肚子里；锅里放入鸡与黄芪水，大火煮20分钟左右，沸腾时转中火，续煮50分钟左右，至汤色变成乳白色；出锅后，配葱、盐、胡椒粉，饰以黄白蛋皮，上桌即可。

营养功效： 此汤适合病后或产后的人食用，可达到滋补身体的功效。

大酱汤
益精强志

原材料 牛肉90克，香菇15克，淘米水700毫升，豆腐250克，青辣椒丝、红辣椒丝、葱末、蒜泥各适量

调味料 大酱75克，清酱、粗辣椒粉各9克，芝麻盐、胡椒粉各1克，麻油4毫升

做法

1. 牛肉、豆腐洗净切块；香菇洗净切丝；牛肉与香菇放入调味料调味；锅中倒入淘米水，放入牛肉与香菇煮沸。

2. 放入大酱以大火煮4分钟，转中火续煮；大酱汤的味道充分地煮出来时，放入豆腐与粗辣椒粉炖煮，再放入剩余原材料续煮1分钟左右。

辣味牛肉汤
补脾益胃

原材料 牛肉400克，蕨菜100克，芋头100克，绿豆芽200克，葱段、蒜各适量

调味料 清酱40克，辣椒油26毫升，麻油15毫升，辣椒粉14克，盐适量

做法

1. 在锅里倒入牛肉与水，大火煮至沸腾时转中火熬煮，放入葱段和蒜续煮30分钟；将煮烂的牛肉捞出来，撕成丝，加入调味料；蕨菜、芋头泡软洗净；绿豆芽洗净。

2. 锅里倒入牛肉汤煮，放入上述材料，大火煮沸，续煮40分钟即可。

牡蛎豆腐汤

益气补虚

原材料 牡蛎100克，豆腐150克，红辣椒10克，小葱20克，蒜泥6克

调味料 虾仁酱汁、盐、麻油各适量

做法

1. 牡蛎用盐水轻轻地摇动洗净后捞出。

2. 豆腐切成长3厘米、宽2厘米、厚0.8厘米左右的块。

3. 小葱清理洗净，切成长3厘米左右的段；红辣椒洗净对切去籽，切成长2厘米、宽0.3厘米左右的丝。

4. 锅中倒入水，大火煮至沸腾，用虾仁酱汁调味，放入牡蛎、豆腐块、蒜泥后续煮3分钟左右。

5. 牡蛎与豆腐块煮熟浮上来时，放入小葱与红辣椒丝，用盐调味，再煮一会儿后放入麻油。

营养功效： 牡蛎所含营养成分独特，具有良好的保健作用，是一种药食两用的双壳贝类海产品。

牛肉丸茼蒿汤
益气补血

原材料 牛肉114克，茼蒿、鸡蛋液、面粉、高汤、蒜、豆腐各适量

调味料 盐、酱油、芝麻盐各适量

做法

1. 牛肉和蒜剁碎；豆腐用布包上，挤出水分，捣碎。

2. 将上述原料放在一起，加酱油、鸡蛋液、盐、芝麻盐拌匀，再捏成牛肉丸，并将牛肉丸在面粉里滚一下。

3. 高汤倒入锅内煮沸，放入盐和酱油；牛肉丸在拌好的鸡蛋里过一下后丢入沸腾的高汤内，肉丸煮好后放入洗净的茼蒿，再将牛肉丸汤装盘出锅。

黄瓜海带汤
降低血糖

原材料 黄瓜115克，海带、红辣椒丝、冰块各适量

调味料 盐3克，醋、糖、酱油、味精各适量

做法

1. 将黄瓜洗净切成细丝。

2. 海带入水浸泡并洗净，然后放入沸水中焯好，以凉水冲刷，切成0.8厘米宽的条。

3. 将水倒入碗中，放入醋、糖、盐、酱油、味精，然后加入海带条、黄瓜丝、红辣椒丝、冰块等即成。

花蟹海鲜汤
滋补养身

原材料 花蟹（母的）600克，牛肉馅、豆腐丁、香菇丁、熟绿豆芽、熟萝卜丁各适量，葱末3克，茼蒿40克，芝麻1克，蒜泥16克

调味料 清酱3克，芝麻盐1克，胡椒粉2克，盐5克，麻油6毫升，大酱17克，辣椒酱76克，姜汁2毫升

做法

1. 花蟹洗净，和萝卜、茼蒿一起煮蟹汤，取蟹肉，和牛肉馅、香菇、绿豆芽、豆腐做成馅料放入蟹壳中。

2. 蟹汤煮沸，放入花蟹、葱末、蒜泥、芝麻和调味料，搅拌均匀即可。

嫩豆腐贝肉锅
增强记忆力

原材料 嫩豆腐洗净600克，贝肉200克，青辣椒丝15克，红辣椒丝10克，蒜泥16克，葱丝10克

调味料 麻油20毫升，清酱18克，辣椒粉10克，盐4克

做法

1. 嫩豆腐洗净切块；贝肉用盐水洗净；蒜泥和调味料做成调味酱料。

2. 贝肉中加入一半调味酱料后拌匀；锅里放入嫩豆腐与水，大火煮沸腾时转中火续煮，放入调料腌过的贝肉与剩下的一半调味酱料，续煮2分钟；撒葱丝与青辣椒丝、红辣椒丝即可。

鲷鱼粉丝锅

益气补虚

原材料 牛肉馅20克，豆腐10克，鲷鱼、高汤、茼蒿、红辣椒、粉丝、松仁、白果、核桃仁、蛋皮、面粉各适量

调味料 酱油、盐、胡椒粉、麻油、清酱、油各适量

做法

1. 鲷鱼洗净撒上盐与胡椒粉腌渍；牛肉馅与压碎的豆腐用调味料搅拌做丸子；红辣椒洗净切条；粉丝浸泡。

2. 牛肉丸子煎熟；鲷鱼脯蘸面粉煎熟；

在火锅专用锅里铺上粉丝、鲷鱼头与骨头，再在上面放上煎好的鲷鱼脯、蛋皮、红辣椒、松仁、白果、核桃仁后，倒入高汤，大火煮4分钟左右，直至沸腾，放入剩余调味料调味，放上洗净的茼蒿即可。

营养功效： 此菜品能提高机体抗病能力，适用于病后调养。

365

干明太鱼萝卜汤

滋阴润燥

原材料 干明太鱼脯70克，萝卜100克，鸡蛋1个，葱段20克，红辣椒5克

调味料 白胡椒粉1克，麻油7毫升，清酱6克，盐3克

做法

1. 干明太鱼脯去皮洗净，撕成丝调味。

2. 萝卜清理洗净，切块；红辣椒洗净对切去籽，切成长3厘米、厚0.3厘米左右的丝；将鸡蛋打散备用。

3. 锅加热后抹上麻油，放入干明太鱼脯与萝卜，中火炒1分钟左右，倒入水，大火煮7分钟左右。

4. 将已沸腾的汤转中火续煮20分钟左右，用清酱与盐调味，放入葱段、红辣椒丝、白胡椒粉、打散的鸡蛋后，再煮片刻。

营养功效：此汤能增强人的体力，缓解因工作、生活压力造成的疲劳。

牛胫粉丝汤

清热生津

原材料 牛胫600克，白萝卜100克，粉丝115克，蒜、葱各适量

调味料 盐、黑胡椒各适量

做法

1. 牛胫洗净切大块，白萝卜洗净对切，用大火煮至熟透；将牛胫和白萝卜从汤中捞出，把汤放凉，去除漂浮在表层的油脂，将牛胫切成薄薄的小片，将白萝卜切小片。

2. 将牛胫片、白萝卜片和捣碎的蒜放入汤中，并将其煮沸。

3. 将葱切成圈，与盐、黑胡椒、粉丝一起放入汤中，待味道调好后出锅。

豆腐牛肉汤

补脾益胃

原材料 牛肉碎230克，白果12颗，洋葱条、香菇条、青椒块、红椒块、蒜、生姜、豆腐块各适量

调味料 芝麻盐、麻油、黑胡椒、豆瓣酱、油各适量

做法

1. 在牛肉碎中加入所有调味料腌渍，然后捏成正方形，在油锅中煎熟成牛肉饼，切块；将白果入锅煮熟，取出后，用牙签串好。

2. 将豆瓣酱、蒜、生姜、芝麻盐和水入锅煮沸，加洋葱、香菇、牛肉饼、白果串、青椒、红椒、豆腐同煮。

笛鲷火锅
补脾益胃

原材料 笛鲷1条，牛肉150克，白萝卜片56克，胡萝卜片、蕨菜、茼蒿、白果、红辣椒、洋葱、小葱、豆腐、肉汤、淀粉各适量

调味料 盐、黑胡椒各适量

做法

1. 笛鲷洗净，用盐和黑胡椒腌渍，裹上淀粉；牛肉加洋葱、红辣椒、小葱、盐、黑胡椒拌匀后填到鱼身的斜纹处；豆腐切块。

2. 将鱼放入锅中加入肉汤，煮沸，加入剩余原材料及调味料，入汤锅中涮食即可。

干锅鸡仔
补肾益精

原材料 鸡肉300克，小葱段56克，干香菇5朵，胡萝卜、洋葱丝、豆瓣菜、茼蒿、魔芋豆腐、黄白蛋皮丝各适量

调味料 麻油、红辣椒粉、糖、红辣酱、盐、黑胡椒各适量

做法

1. 鸡肉切丝，鸡骨熬成高汤；干香菇泡发切丝；胡萝卜洗净切丝；豆瓣菜洗净切段；魔芋豆腐制成麻花饺状。

2. 麻油、红辣椒粉、糖、红辣酱、盐、黑胡椒分别撒在鸡丝和香菇丝上；鸡丝入锅，摆上剩余原材料，淋高汤煮沸即可。

干锅牛肠

调节血脂

原材料 牛肠450克，牛百叶、牛肉、香菇、胡萝卜、圆白菜、洋葱、葱、高汤、湿宽粉、茼蒿叶、蒜、凤尾鱼汤各适量

调味料 红辣酱、糖、麻油、红辣椒粉、酱油、芝麻盐、黑胡椒各适量

做法

1. 所有原材料洗净切好；香菇、洋葱、胡萝卜、圆白菜、宽粉、牛肠、牛百叶、牛肉加入高汤炖至熟透；入红辣酱、酱油、糖、葱、蒜、麻油、红辣椒粉、芝麻盐、黑胡椒拌匀。

2. 淋入凤尾鱼汤煮沸，再以茼蒿叶装饰即可。

营养功效： 牛百叶含有蛋白质、脂肪、钙、磷、铁、维生素 B_2、烟酸等，具有补益脾胃、补气养血、补虚益精等功效，适合病后虚羸、气血不足、营养不良的人群食用。

开胃凉菜
Kai Wei Liang Cai

凉菜不仅营养丰富，而且开胃，因此很多人都喜欢吃凉菜。凉菜美味与否，不仅与食物本身有关，调味料也非常关键。调味料放入的多或少，赋予了每一道凉菜不同的味道。吃前将各种食材连同酱汁拌均匀，酸、辣、甜、麻、香的味道在口腔中散发开来，醒胃又养生。

泡萝卜米粉
开胃消食

原材料 白萝卜叶、青红辣椒、洋葱丝、糯米粉、姜末、葱段、蒜末各适量
调味料 粗盐适量

做法
1. 白萝卜叶切段，入盐水浸渍；青红辣椒切菱形；糯米粉煮糊。
2. 将备好的原材料加入白萝卜叶拌匀，放至陶罐中，入糯米糊，装盘。

泡萝卜
解毒生津

原材料 白萝卜10个，梨1个，青辣椒20个，红辣椒、小葱、生姜、蒜各适量
调味料 粗盐适量

做法
1. 所有原材料洗净，切好；放陶罐中，撒盐；3天后将罐内的盐水倒出。
2. 将萝卜叶放入陶罐中，置于萝卜之上，并在最上面压上一些重物。

芥末汁冷菜

补中益气

原材料 牛肉200克，蒜10克，黄瓜80克，胡萝卜50克，圆白菜90克，梨125克，板栗肉50克，黄白蛋皮60克，葱20克，松仁5克，肉汤45毫升

调味料 发酵芥末39克，盐4克，醋45毫升，糖26克

做法

1. 锅中加适量水，放入牛肉、葱与蒜，熬煮。

2. 将牛肉捞出切成片；再将黄瓜、胡萝卜、圆白菜、板栗肉、梨分别洗净，切片备用；发酵芥末、盐、醋、糖、肉汤混合，做成芥末汁。

3. 将牛肉片、蔬菜、梨、黄白蛋皮围放在盘里，中间放上板栗肉片后，再放上松仁，配芥末汁上桌。

蔬菜类材料的处理技巧： 蔬菜类材料若放入冰水里一段很短的时间，口感更脆，质感更好。

371

酱黄瓜
增强免疫力

原材料 嫩黄瓜2根，葱、蒜、红辣椒丝、芝麻各适量

调味料 盐、酱油、糖、麻油各适量

做法

1. 在嫩黄瓜上撒盐，腌10天。
2. 待黄瓜腌渍好后，切成块，并用水冲洗去其咸味。
3. 将酱油和糖入锅煮沸，冷却成酱汁。
4. 将酱汁淋在黄瓜上，浸渍一夜；将浸渍水倒出，并将剩下的原材料和调味料拌在黄瓜上。

糖拌海藻
抵抗病毒

原材料 褐色海藻30克，白芝麻适量

调味料 糖、麻油各适量

做法

1. 将褐色海藻切成小块。
2. 将麻油在平底煎锅中加热，然后将海藻放入，每次少放几块，将海藻炸至酥脆。
3. 将酥脆的海藻放在纸上晾干去油，撒上适量糖和白芝麻即可。

白芝麻　　糖

拌橡子果凉粉

降低血糖

原材料 橡子果凉粉300克，黄瓜70克，胡萝卜30克，茼蒿30克，青辣椒圈15克，红辣椒圈10克，葱末5克，蒜泥3克，芝麻2克

调味料 酱油24毫升，糖2克，辣椒粉2克，麻油13毫升，盐适量

做法

1. 橡子果凉粉切块；黄瓜用盐搓揉洗净，切片；胡萝卜洗净切片；青茼蒿清理洗净，切段。

2. 酱油、糖、辣椒粉、葱末、蒜泥、芝麻、麻油混合，做成调味酱料。

3. 橡子果凉粉里放入黄瓜片、胡萝卜片、茼蒿段与调味酱料。

4. 将所有的材料混合，轻轻地搅拌；撒上青辣椒圈、红辣椒圈即可。

> **营养功效：** 橡子果凉粉可以增强人体的免疫力，能提高儿童的智力和发育水平。

奶参沙拉

补中益气

[原材料] 奶参115克，芥菜50克，生菜叶80克

[调味料] 红辣椒酱20克，醋、糖、芝麻盐、盐各适量

做法

1. 将奶参用木槌打扁，放在盐水里清洗干净，然后将之撕成细丝，挤干多余水分。

2. 芥菜用水清洗干净，切成5厘米长的小段。

3. 将芥菜和奶参丝拌在一起，撒上调味料，拌匀，以洗净的生菜叶装饰。

芥菜

生菜

营养功效：奶参含有碳水化合物、维生素、蛋白质、矿物质等成分，具有有补虚通乳、清热解毒等功效。

凉拌茴芹

平肝健胃

原材料 茴芹110克，葱末14克，蒜泥6克，芝麻2克

调味料 大酱9克，辣椒酱6克，麻油13毫升，醋15毫升

做法

1. 清理茴芹，并用流水冲洗干净后捞出；将沥去水分的茴芹切成6厘米左右长的段。

2. 大酱、辣椒酱、葱末、蒜泥、芝麻、麻油、醋混合，做成调味酱料。

3. 茴芹段里放入调味酱料。

4. 将茴芹与调味酱料轻轻搅拌。

5. 拌匀后装碗即可。

营养功效： 茴芹所含的主要成分是茴麻油，能刺激胃肠神经血管，促进消化液分泌，增加胃肠蠕动，排出积存的气体，有健胃、行气的功效。

九折板

增强免疫力

原材料 牛肉50克，香菇、石耳各10克，黄瓜丝100克，胡萝卜丝30克，绿豆芽100克，黄白蛋皮60克，面粉56克

调味料 发酵芥末6克，醋15毫升，糖4克，盐3克，蜂蜜、酱油、糖、芝麻盐、胡椒粉、麻油、油各适量

做法

1. 牛肉切丝，放入调味料；香菇与石耳切丝，用剩余的调味料搅拌。

2. 将面粉、水、盐搅糊，做成煎饼；发酵芥末加水做成芥末汁。

3. 锅入油烧热，分别将牛肉丝、香菇丝、石耳丝、黄瓜丝、胡萝卜丝炒熟；绿豆芽焯熟，放入调味料搅拌。

4. 将上述材料和切好的黄白蛋皮装盘，配芥末汁上桌。

营养功效： 此菜品荤素搭配，有多重营养功效，适合滋补身体食用。

鳎鱼白萝卜酱
滋阴养血

原材料 鳎鱼5条，带壳小米150克，蒜、白萝卜、生姜各适量

调味料 盐、红辣椒粉各适量

做法

1. 鳎鱼洗净切小块，撒上盐腌渍；小米入锅加水加热，煮至还存有一点硬度时捞起，冷却。

2. 将小米、蒜、部分红辣椒粉加入鳎鱼中，拌匀、装坛，在其表面覆上一层塑料薄膜；待鳎鱼腌好后将白萝卜切厚条，撒上盐，挤出水分。

3. 将鳎鱼块和白萝卜条、蒜、生姜、红辣椒粉拌匀，调味；装坛密封。

鱼肠酱
益气养血

原材料 大眼鳕鱼肠900克，蒜末、姜末、红辣椒圈各适量

调味料 红辣椒粉、盐各适量

做法

1. 将大眼鳕鱼肠洗净，用布包住，在大石头下压一夜；在干扁的鱼肠上撒上盐，腌渍过夜后取出备用。

2. 在腌渍过的鱼肠中加入蒜末、姜末、红辣椒圈、红辣椒粉等拌匀，装坛，腌渍15天即可食用。

蒜

姜

牡蛎辣白菜
益胃生津

原材料 大白菜750克，白萝卜块、咸虾干、新鲜牡蛎、蕨菜、芥末叶、红辣椒丝、蒜末、葱末、姜末各适量

调味料 盐、红辣椒粉、咸虾酱各适量

做法

1. 白菜洗净对切；蕨菜、芥末叶洗净切段；牡蛎洗净；咸虾酱和红辣椒粉拌匀，加白萝卜块搅拌；将咸虾干、蒜末、葱末、姜末、牡蛎、芥末叶和蕨菜、红辣椒丝拌匀。

2. 将调味料涂抹在白菜叶上和上述材料装坛，在其表面覆上一片较大的白菜叶，再在上面压一块干净的大石头。

葱结辣萝卜
防癌抗癌

原材料 白萝卜、小葱、蒜末、姜末各适量

调味料 盐、辣椒粉、鱼酱、糖各适量

做法

1. 白萝卜洗净，切条，用盐腌渍；小葱捆在一起，系成葱结。

2. 待白萝卜条腌渍入味后，洗净、沥干，然后将辣椒粉涂抹在白萝卜条上，使之呈红色。

3. 白萝卜条全部涂辣后，倒入蒜末、姜末、盐、鱼酱、糖、葱结，拌匀，然后将辣萝卜装入陶罐中密封。

什锦拌粉丝

滋阴润燥

原材料 牛肉丝50克，香菇10克，黑木耳3克，黄瓜丝70克，胡萝卜丝30克，去皮的桔梗30克，洋葱丝150克，绿豆芽30克，黄白蛋皮60克，粉丝60克，芝麻、葱末、蒜泥各适量

调味料 酱油25毫升，糖15克，芝麻盐1克，麻油8毫升，胡椒粉1克，油适量

做法

1. 牛肉丝用适量酱油、糖、葱末、蒜泥、芝麻盐、麻油、胡椒粉搅拌入味；香菇、黑木耳洗净切丝，用适量酱油、葱末、蒜泥、芝麻盐搅拌。

2. 锅入油烧热，入牛肉、香菇、黑木耳、黄瓜、胡萝卜、桔梗、洋葱各自炒熟；绿豆芽焯烫，放入适量盐和麻油搅拌；粉丝煮熟，用调味料调味；上述材料装盘，放黄白蛋皮。

粉丝处理技巧：煮粉丝的时间不宜过长，以免影响其口感。

人参泡菜

益智安神

原材料 新鲜人参4个，胡萝卜、梨、黄瓜各适量

调味料 粗盐、糖、醋各适量

做法

1. 新鲜人参去皮，去细小的根，洗净，沥干，切长块。

2. 将胡萝卜、黄瓜洗净切成和人参同样大小的块。

3. 将醋和糖加入水中，搅拌，直至糖完全溶解，然后将之倒入大碗中，

加入适量的盐，以及人参、黄瓜、胡萝卜。

4. 梨削皮洗净，切成与人参同样大小的块，加入碗中。

胡萝卜　　　黄瓜

人参食用技巧： 人参是大补之物，肝火旺盛者应少食。

酸泡菜

清热除烦

原材料 大白菜1000克，芥菜、白萝卜、小葱、石耳、梨、红枣、板栗、牡蛎、章鱼、咸鱼干、松仁、蒜、生姜、红辣椒、卤水各适量

调味料 盐、咸虾酱各适量

做法

1. 将食材洗净；大白菜切半；芥菜和小葱切段；石耳、板栗、红枣切丝；梨、蒜、生姜及一半的白萝卜切丝；剩余白萝卜切大块；章鱼切片；牡蛎去壳洗净，和咸虾酱拌在一起；红辣椒切细丝。

2. 处理好的原材料撒上适量盐，充分搅拌，制成调味馅，裹在叶子中间，白菜和萝卜块放陶罐内，在其内注入卤水腌渍。

选购红枣的技巧： 以颜色深红、外表柔软无裂纹、果肉饱满的红枣为佳。

人参沙拉

补气安神

原材料 人参230克，蒜末、葱末各适量

调味料 粗盐、盐、酱油、糖、芝麻盐、麻油各适量

做法

1. 人参洗净，沥干。

2. 在蒸锅中铺上一层湿布，将人参放在湿布上，蒸熟后用盘盛起。

3. 将葱末、蒜末以及各种调味料拌在一起，制成调味酱。

4. 将调味酱倒入人参中，拌匀。

蒜　　　　　葱

白萝卜沙拉

促进消化

原材料 白萝卜230克，红辣椒丝、生菜叶、葱末、蒜末各适量

调味料 盐、糖、醋各适量

做法

1. 白萝卜削皮，切成5厘米长的细丝。

2. 在白萝卜中撒上红辣椒丝，拌匀。

3. 将糖、盐、红辣椒丝、葱末、蒜末加入白萝卜丝中，拌匀。

4. 在白萝卜丝中洒上醋，拌匀；生菜叶洗净放在旁边。

白萝卜　　　　生菜

荡平菜

补中益气

原材料 绿豆凉粉300克，牛肉100克，绿豆芽100克，水芹50克，红辣椒丝2克，紫菜2克，黄白蛋皮60克，葱末5克，蒜泥3克

调味料 酱油26毫升，醋12毫升，糖18克，芝麻盐、胡椒粉、麻油、油各适量

做法

1. 绿豆凉粉洗净切丝，焯熟；牛肉洗净切丝，放入适量酱油、糖、葱末、蒜泥、芝麻盐、胡椒粉、麻油搅拌。

2. 水芹、绿豆芽洗净，焯熟；用适量酱油、醋、糖、芝麻盐混合，做成醋酱油；锅入油烧热，放入牛肉丝，中火炒2分钟；紫菜烤熟，撕碎；将绿豆凉粉、牛肉、绿豆芽、水芹放在一起，放入醋酱油均匀搅拌，撒上红辣椒、紫菜、黄白蛋皮作为菜码。

烤紫菜的技巧: 烤紫菜时间不宜过长，1分钟左右为宜。

黄瓜沙拉
增强免疫力

原材料 黄瓜250克，白萝卜、柠檬、芝麻、红辣椒丝各适量

调味料 糖、盐、醋、酱油各适量

做法

1. 黄瓜、白萝卜均在盐水中洗净，沥干，切条，撒上盐腌渍片刻。

2. 柠檬入盐水中洗净，切银杏叶形状。

3. 盐、醋、糖同拌，制成酸酱，撒在黄瓜条和白萝卜条中，腌渍片刻，加入柠檬片，拌匀。

4. 在拌匀的黄瓜和白萝卜表面撒上芝麻、红辣椒丝，并用酱油、糖、醋调成调味酱，佐之。

黄瓜

白萝卜

食用技巧： 此沙拉如果加入芝麻酱，味道会更鲜美。

鱿鱼丝芥末沙拉

增强免疫力

原材料 火腿115克，黄瓜、雪梨、胡萝卜、鱿鱼、水母、板栗、鸡蛋皮、松仁各适量

调味料 酱油、糖、盐、干芥末、醋各适量

做法

1. 火腿、雪梨、鱿鱼、黄瓜、胡萝卜、鸡蛋皮均切丝；板栗煮熟切片；水母洗净，余水，切丝。

2. 将沸水注入盛有芥末的碗中，拌至糊状，酱油、糖、醋、水、盐倒入其中，拌匀；将松仁在研钵中磨碎，然后倒入芥末中，制成一份芥末醋酱。

3. 将芥末醋酱放在盘中间，四周摆放准备好的各色菜丝。

挑选鱿鱼的技巧：以体形完整坚实、光亮洁净、肉肥厚的鱿鱼为佳。

萝卜片泡菜

利尿通便

原材料 白菜200克，萝卜200克，红辣椒30克，水芹50克，松仁3克，小葱段20克，蒜泥24克，姜末15克

调味料 盐28克，糖4克，辣椒粉14克

做法

1. 所有原材料洗净切片；水、盐、糖、辣椒粉混合，做成泡菜汤汁；白菜、萝卜用盐腌渍5分钟左右，沥去水分（腌渍过的盐水不要倒掉）。

2. 松仁洗净，用干棉布擦拭；萝卜与白菜放在腌过的盐水里，再加入水、盐、糖；将辣椒粉放在棉袋子里搓揉10次左右，给泡菜汤汁上色；将白菜、萝卜、红辣椒、小葱倒入缸里，加泡菜汤汁。

3. 装有蒜泥与姜末的棉袋子放进缸里，泡菜熟成后，放上水芹与松仁即可。

营养功效： 此菜能提升胃肠或肺功能、预防便秘、维护肠道健康。

什锦泡菜
清热除烦

原材料 大白菜1棵，白萝卜、胡萝卜、芥菜、章鱼、板栗、香菇、石耳、梨、松仁、咸虾、牡蛎、葱、蒜、生姜、红辣椒丝各适量

调味料 粗盐、红辣椒粉、鲜虾酱、糖各适量

做法

1. 所有原材料洗净切片；大白菜用盐腌渍；大白菜除外的原材料加鲜虾酱、盐、红辣椒粉和糖，拌匀成调味馅。

2. 将调味馅放进白菜叶中，用白菜叶将之紧紧包住，将包好的白菜放陶罐中，注入盐水，放一块重石头。

酱萝卜丝
解毒生津

原材料 干萝卜丝230克，葱末、蒜末、姜末、红辣椒丝、熟芝麻各适量

调味料 酱油、芝麻盐、糖、麻油、味精各适量

做法

1. 将干萝卜丝入水浸泡，用手将之搓洗干净，然后挤出水分，将之浸泡在酱油中过夜。

2. 将味精、糖、麻油、蒜末、姜末、葱末、红辣椒丝、芝麻盐加入其中，拌匀，撒上熟芝麻即可。

党参鲜吃

健脾益肺

原材料 党参300克，葱末5克，蒜泥适量

调味料 盐3克，糖12克，辣椒酱15克，辣椒粉5克，醋15毫升，芝麻盐适量

做法

1. 党参洗净去皮，切片；切好的党参放在盐水里腌20分钟左右，去除苦味后，用棉布擦拭水分。

2. 将党参用擀面杖擀松，撕成长6厘米，宽、厚0.3厘米左右的细丝。

3. 盐、糖、辣椒酱、辣椒粉、葱末、蒜泥、芝麻盐、醋混合，成调味酱料；党参里放入调味酱料后拌匀。

营养功效：党参能补中益气，健脾益肺，可用于治疗脾肺虚弱、心悸气短、食少便溏、虚喘咳嗽、内热消渴、倦怠乏力、面目浮肿、久泻脱肛等症。

海鲜泡菜

益胃生津

原材料 白菜2千克，萝卜250克，梨125克，芥菜30克，水芹菜30克，牡蛎肉80克，黄花鱼段80克，香菇10克，石耳3克，板栗30克，辣椒丝、蒜泥、葱、姜末各适量

调味料 盐35克，虾仁酱25克，黄花鱼酱25克，辣椒粉28克

做法

1. 将所有原材料洗净，切好备用；将白菜用盐腌渍；将锅里放入水与黄花鱼的头与骨头，中火煮沸，做成汤汁。

2. 白菜、萝卜放入辣椒粉，再放入虾仁酱、黄花鱼酱及剩余原材料，轻轻地搅拌，用盐调好味。

3. 用整片的菜叶包裹上述食材，将泡菜整整齐齐地装在缸里，倒入煎熬好的黄花鱼酱汤汁。

海鲜去腥技巧： 海鲜用盐水清洗，可起到去腥功效。

拌干明太鱼松

健脾益胃

原材料 干明太鱼脯(去皮的黄太脯)70克

调味料 盐3克，糖8克，芝麻盐9克，麻油10毫升，酱油4毫升，细辣椒粉1克

做法

1. 干明太鱼脯去头、尾、鳍，轻轻地蘸水后去除骨头与刺。

2. 干明太鱼放在砧板上磨松。

3. 将干明太鱼磨松后切分成3等份，放入盐、糖、芝麻盐、麻油、酱油、细辣椒粉进行调味，再用手搅拌均匀，捏成球即可。

营养功效： 麻油所含不饱和脂肪酸高达60%，且这些不饱和脂肪酸和卵磷脂都能溶解凝固于血管壁上的胆固醇。麻油含有大量的维生素E，可阻止体内产生过氧化脂质。所含的卵磷脂，还有润肤、预防脱发的功效。

酱拌芝麻叶
滋养肝肾

原材料 芝麻叶200片，芝麻、蒜末、红辣椒丝、板栗、姜末各适量

调味料 酱油、糖、红辣椒粉各适量

做法

1. 选择鲜嫩的芝麻叶，洗净，并用布擦干；板栗切细丝。

2. 将酱油、红辣椒丝、姜末、芝麻、蒜末、板栗丝、糖、红辣椒粉拌匀，制成调味酱。

3. 在芝麻叶上面撒上适量调味酱，撒好后装坛，并将剩下的调味酱倒入坛中，然后在坛上压一块厚重的石头。

茼蒿沙拉
降低血压

原材料 茼蒿1捆，葱末、蒜末各适量

调味料 酱油3毫升，盐、芝麻盐、麻油各适量

做法

1. 将茼蒿清理干净，去除较硬的粗梗。

2. 茼蒿在盐水中焯好后用冷水冲洗，沥干水分。

3. 将茼蒿内的水挤出，用葱末、蒜末、芝麻盐、酱油、麻油进行调味。

茼蒿　　　　葱

五色豆芽沙拉

补肺养血

原材料 芥菜、胡萝卜、豆芽、鸡蛋、牛肉、香菇、洋葱各适量

调味料 麻油、黑胡椒、盐、油各适量

做法

1. 豆芽洗净，焯熟；胡萝卜洗净切丝；芥菜洗净切段。

2. 鸡蛋打散搅匀，煎成片，然后再切成细丝。

3. 牛肉、香菇和洋葱洗净切细丝，调味，入锅翻炒。

4. 将香菇、牛肉、洋葱摆在盘子的正中间，周围摆放一圈圈的蛋丝、芥菜段、胡萝卜丝、豆芽。

芥菜

胡萝卜

空心萝卜返鲜的技巧：如果萝卜出现空心但不是很严重，可将萝卜切段，放在干净的水中浸泡。

生鳐鱼片

散淤止痛

原材料 鳐鱼1条，梨、白萝卜、芥菜、青辣椒、松仁、生菜叶、红辣椒各适量

调味料 红辣椒酱、醋、糖、芝麻盐、麻油、红辣椒粉各适量

做法

1. 鳐鱼洗净切块；白萝卜和梨洗净切块；芥菜、红辣椒、青辣椒洗净切成和鳐鱼同样大小的块。
2. 将以上原料同拌，撒调味料拌匀。
3. 在盘中放一层生菜叶，然后将鳐鱼片放到生菜叶上，然后在其上面撒上几粒松仁。

白萝卜　　　芥菜

营养功效： 梨富含糖、蛋白质、脂肪、碳水化合物及多种维生素，具有润肺清心、消痰止咳、退热等功效。

海带沙拉
降脂降压

原材料 新鲜海带150克，蟹肉棒115克，黄瓜1根，蒜末适量

调味料 醋、红辣椒粉、盐、糖、芝麻盐各适量

做法

1. 将新鲜海带洗净，在沸水中焯3分钟，然后用凉水冲洗，切小片。
2. 黄瓜纵向切半，然后切成半圆形的片，撒上盐腌渍片刻后，挤出水分。
3. 将蟹肉棒撕成细丝。
4. 将海带片、黄瓜片、蟹肉棒丝拌在一起，并加入红辣椒粉、蒜、芝麻盐、糖、醋等调味料，拌匀。

拌绿豆凉粉
保护肝脏

原材料 绿豆凉粉200克，胡萝卜丝80克，黄瓜丝、泡菜、黄豆芽、鸡蛋饼丝、牛肉、紫菜末、灯笼椒丝、葱末、蒜末各适量

调味料 酱油、黑胡椒、盐、醋、糖、芝麻盐各适量

做法

1. 食材洗净；绿豆凉粉切条；泡菜切丝；牛肉切丝，加葱末、蒜末、酱油、糖、芝麻盐、黑胡椒腌渍，炒熟；胡萝卜丝用盐稍翻炒；黄豆芽焯熟。
2. 紫菜末除外的原材料混合，加入盐、醋、糖拌匀，撒上少许紫菜末。

黄瓜御膳
增强免疫力

原材料 黄瓜200克，牛肉30克，香菇10克，黄白蛋皮60克，葱末3克，蒜泥2克，辣椒丝1克

调味料 酱油6毫升，醋60毫升，芝麻盐、胡椒粉、糖、麻油、盐、油各适量

做法

1. 黄瓜洗净切片，划痕，用盐水腌渍；牛肉洗净切丝；香菇洗净切丝，与牛肉丝一起用调味料及葱末、蒜泥搅拌；黄白蛋皮切丝；盐、糖、醋、水混合成甜醋水。

2. 锅入油烧热，放入黄瓜片、牛肉丝、香菇丝分别翻炒2分钟，盛出一同塞进黄瓜中，再放入黄白蛋皮丝；在放进菜码的黄瓜片上面撒上辣椒丝后，装碗淋上甜醋水。

> **烹调小技巧：** 黄瓜划痕可斜划3次刀痕后，第4次切断，形成4片黄瓜连在一起的梯形。

拌菠菜

清热除烦

原材料 菠菜400克，葱末5克，蒜泥3克，芝麻3克，辣椒丝1克

调味料 清酱3克，盐5克，麻油8毫升

做法

1. 菠菜去根，在根附近划出十字刀纹，用水冲3~4次洗净。

2. 清酱、盐、葱末、蒜泥、芝麻、麻油混合，做成调味酱料。

3. 辣椒丝切成长1厘米左右的段；在锅里倒入水，大火煮13分钟左右，沸腾时放入盐与菠菜，保持菠菜原有青绿色焯烫2分钟左右，用水冲洗后挤去水分，切成长5~6厘米的段。

4. 在菠菜里放入调味酱料，搅拌入味，装在碗里，放上辣椒丝。

营养功效：菠菜能滋阴润燥、通利胃肠、泄火下气，适宜津液不足、胃肠失调、肠燥便秘以及肠结核、痔疮、贫血、高血压患者食用。

拌蘑菇
防癌抗癌

原材料 草菇100克，香菇10克，白蘑菇100克，黑木耳5克，金针菇50克，芝麻2克

调味料 酱油9毫升，盐3克，糖4克，油13毫升，麻油4毫升

做法

1. 草菇、香菇、白蘑菇、黑木耳、金针菇洗净切好；酱油、盐、糖混合，做成调味酱料；锅里倒入水，大火煮沸，放入盐与草菇焯熟。

2. 在每种蘑菇里放入调味酱料后搅拌。

3. 将油倒入加热的平底锅中，放入除金针菇外的所有蘑菇和黑木耳，大火炒2分钟左右，再放入金针菇、芝麻和麻油，用中火炒1分钟左右。

营养功效： 菇类中的蛋白质含量比一般蔬菜高好几倍，是国际公认的"十分好的蛋白质来源"。

饭后小点
Fan Hou Xiao Dian

在点心方面，韩国和中国一样有比较多的品种，比如年糕、煎饼、甜饺、汤圆等，而且这些点心都富有特色。这些小点心选材丰富，简单易做，我们在休闲之余可以尝试制作，丰富我们的生活。

南瓜米糕
健脾益胃

原材料 大米粉500克，南瓜250克，红枣8克，南瓜子8克，红枣水适量

调味料 盐6克，糖100克

做法

1. 南瓜做成南瓜泥；红枣煮熟，去核。

2. 大米粉、南瓜泥、盐、糖加红枣水拌糊；放入模具中，装饰南瓜子、红枣，放入蒸笼蒸熟即可。

蜜酿梨汁
清热降压

原材料 梨2个，姜片3克，松仁、桂皮各适量

调味料 糖、黑胡椒各适量

做法

1. 姜片和桂皮一起入水煮沸。

2. 梨去皮洗净，去核，切块，撒上黑胡椒、糖，腌渍片刻，倒入姜水熬煮至梨软，出锅，撒上松仁。

酒酿蒸糕
养阴生津

原材料 大米粉250克，发酵粉5克，熟红枣8克，南瓜子1克，栀子2克，草莓粉3克，蘑菇、松仁各适量

调味料 盐3克，米酒50毫升，糖40克，色拉油适量

做法

1. 大米粉加米酒、温开水、糖、发酵粉做糊发酵；栀子泡出黄色水；草莓粉冲泡成粉红色水；二次发酵完成后，将面团分成3份，一份白面团保留，一份掺入栀子水成黄色，一份掺入草莓水成粉红色；将面团放入模具中，加红枣、蘑菇、松仁和南瓜子装饰。

2. 将蛋糕模具放入蒸锅中蒸熟，抹色拉油即可。

面糊发酵技巧： 用塑料薄膜盖好面糊，再用电褥子包好后，盖上厚布，将温度保持在 40~45℃。

人参茶
强身健体

原材料 人参(水参)100克，红枣40克，松仁3克

调味料 蜂蜜38毫升

做法

1. 红枣用湿棉布擦净；松仁洗净，用干棉布擦净；人参用水清洗干净，去除头部。

2. 锅里倒入水，放入人参与红枣。

3. 大火煮7分钟左右，直至沸腾，转中火续煮1小时左右。

4. 味道煮出来时，用筛子过滤后，放入蜂蜜混合。

5. 倒在茶杯里，撒上松仁。

营养功效： 人参味甘、微苦，性温，具有调气养血、安神益智、生津止咳、滋补强身之功效，被誉为"百草之王"。人参作为最有名的滋补强壮药，主要表现在提高人体免疫力、增强机体的适应性和抗衰老等方面。

李子酒
延缓衰老

原材料 李子600克

调味料 糖115克，清酒2升

做法

1. 将李子洗净，用布擦干，将李子和糖放在大玻璃罐中腌渍。

2. 将李子用糖腌渍一夜后，将清酒倒入其中，密封。

3. 待李子完全发酵后（约需一个月时间），将李子放在细密的筛子上过滤，将滤出的李子酒装瓶，密封。

玉米饼
清热解毒

原材料 玉米面粉160克，面粉80克，发酵粉、青椒圈、红椒圈各适量

调味料 糖、盐各适量

做法

1. 将玉米面粉、发酵粉、面粉放入容器中混合；加入适量的清水、盐、糖和成面团，醒15分钟。

2. 醒好的面团揉匀，搓成长条，切成等份；取剂子用手搓圆，压成小饼。

3. 放入烤箱烤熟，用青椒圈、红椒圈装饰即可食用。

蜜酿柿饼
润肺化痰

原材料 柿饼10个，生姜、桂皮、松仁各适量

调味料 糖、蜜汁各适量

做法

1. 柿饼去蒂，并在蒂的位置上塞上四五颗松仁。

2. 生姜洗净、去皮、切片，将姜片和桂皮放入水中慢炖，待有浓烈的香味散发出来时，加糖，小煮片刻。

3. 将姜水在细密的筛网上过滤。

4. 将过滤后的甜姜水倒入装有柿饼的大碗中；待柿饼变软后，加入少许蜜汁，并撒上几粒松仁即成。

肉末煎饼
补肾养血

原材料 瘦肉末230克，豆腐、面粉、泡菜、欧芹、鸡蛋液、蒜碎、葱各适量

调味料 盐4克，麻油、黑胡椒、姜汁、油各适量

做法

1. 用布将豆腐包住，挤出多余水分，并将之捣碎；将泡菜里的水分挤出；将泡菜剁成碎末；将葱洗净切丝。

2. 将豆腐、泡菜与瘦肉末、蒜碎、盐、黑胡椒、麻油、姜汁拌匀，然后将之捏成扁平的饼。

3. 饼蘸面粉和鸡蛋液，入油锅煎成金黄色，出锅以欧芹和细葱丝作装饰。

松仁蜜糕

健脑益智

原材料 松仁120克

调味料 白糖12克，糖稀27克，油适量

做法

1. 松仁洗净，用干棉布擦净。

2. 锅里放入水、白糖、糖稀，开中火煮1分钟左右，做成糖浆。

3. 糖浆里放入松仁均匀搅拌，收汁1分钟左右。

4. 塑料膜上抹上油，将已收汁的松仁糖浆摊开，用擀面杖擀成0.5厘米左右厚的片。

5. 切成宽2厘米、长3厘米的块状。

营养功效： 松仁有防止动脉硬化、降低胆固醇的作用，对癌症患者还有镇痛、提升白细胞功能及保护肝脏等作用。松仁含有大量的维生素 E，经常食用有润肌肤、乌须发的作用，可以令皮肤滋润光滑，富有弹性。

缤纷汤圆

补虚养血

原材料 糯米粉500克，黄豆粉20克，绿豆粉20克，黑芝麻粉20克，赤小豆粉28克

调味料 糖8克

做法

1. 糯米粉里放入糖，用热水和面做成烫面，包成直径2厘米左右的汤圆。

2. 锅里倒入水，大火煮9分钟左右，放入包好的汤圆，大火煮约2分半钟，待汤圆浮上来时，继续煮20~30秒，

再用筛子捞出，冲水后沥去水分；韩式汤圆分成5等份，蘸上五种粉，做成五色汤圆即可。

煮汤圆的技巧：把生坯汤圆轻轻放入锅内，用勺子搅一下，以免粘锅；汤圆上浮时，加冷水，反复两次，等汤圆都浮上来了，就可以出锅了。

葱油煎饼
健胃消食

原材料 小葱100克，芥菜、猪肉、海贝、大米粉、鸡蛋、生菜叶各适量

调味料 盐5克，醋、酱油、油各适量

做法

1. 小葱和芥菜洗净切段；猪肉洗净切薄片；海贝洗净剁细；在大米粉中加入少量水、少许盐和成大米糊；在平底锅中铺两层小葱，中间夹一层芥菜。

2. 猪肉和海贝放在蔬菜中间，并将大米糊浇于其上，小火慢煎，然后在大米糊上面再抹上一层打匀的鸡蛋液，煎至金黄出锅，放上生菜，佐以盐、醋、酱油制成的酸酱，蘸食。

三色甜饺
健脾养胃

原材料 糯米粉540克，红枣、食用色素（粉红色、淡绿色）各适量

调味料 蜂蜜、肉桂粉、油各适量

做法

1. 让一份糯米粉保持白色不变，将粉红色和淡绿色食用色素分别加入到另外两份糯米粉中，注入适量开水，和成面团；红枣去核，剁碎，与蜂蜜、肉桂粉拌匀做馅；将面团捏成饺子形，并将红枣馅包入其中。

2. 将饺子放入热油锅中炸熟。

3. 将饺子浸入蜂蜜水中，沥干，装盘。

蜜饯
补中益气

原材料 面粉、松仁碎各适量

调味料 麻油、盐、蜂蜜、肉桂粉、麦芽糖浆、料酒、姜汁、油各适量

做法

1. 将面粉、麻油、蜂蜜、盐、料酒、肉桂粉和姜汁拌在一起，和匀，直至面团变平。
2. 在饼干模具中抹上少许油，放入面团，压成一个个的小饼，然后将小饼放进130~150℃的油锅中，炸熟后捞起，沥干，蘸上麦芽糖浆，然后在其表面撒上松仁碎。

迷你绿豆煎饼
滋阴润燥

原材料 韭菜末100克，大白菜泡菜100克，五花肉馅300克，绿豆粉、糯米粉、青葱末、红薯粉各适量

调味料 葡萄籽油、盐、酱油、辣椒粉、麻油、胡麻油、清酒、白胡椒粉各适量

做法

1. 将绿豆粉、糯米粉和红薯粉倒入大碗中，放入青葱末、五花肉馅、韭菜末、大白菜泡菜、水及调味料和面，做成大小均匀的面饼。
2. 锅中放葡萄籽油烧热，将饼煎熟，佐以剩余调味料调成的酱汁食用。

牛肉豆腐蛋饼

强健筋骨

原材料 牛肉200克，豆腐50克，面粉21克，鸡蛋适量

调味料 酱油20毫升，盐1克，糖2克，醋15毫升，油适量

做法

1. 牛肉洗净用棉布擦净血水，剁碎；豆腐用棉布挤去水分，压碎；牛肉与豆腐混合在一起，放入调味料搅拌。

2. 将调好味的牛肉与豆腐做成直径4厘米、厚0.5厘米左右的饼。

3. 打散鸡蛋；用酱油、醋、水混合，做成醋酱油；将饼蘸上面粉，浸泡在鸡蛋液里。

4. 加热的平底锅里抹油，放入饼，用中火煎正面3分钟，再翻过来煎背面2分钟左右，配醋酱油上桌。

营养功效： 醋中含有维生素 B_1、维生素 B_2、维生素 C 等，是食物及原料发酵过程中微生物代谢的产物。

苹果酒
预防癌症

原材料 苹果4个

调味料 糖115克，清酒2升

做法

1. 将苹果用清水洗干净、擦干，将每个苹果分别切成8等份。

2. 将苹果放入大玻璃罐中，用糖腌渍两天，然后在玻璃罐中注入体积是苹果3倍的清酒，密封。

3. 待苹果发酵后（约需3个月时间），将苹果放在细密的筛网上过滤，并将滤出的苹果酒装瓶，密封。

新月年糕
补中益气

原材料 大米550克，食用色素、艾蒿、板栗、红枣、赤小豆粉各适量

调味料 盐、蜂蜜、麻油、糖各适量

做法

1. 大米洗净，磨碎，过滤；板栗洗净去壳，煮熟磨泥；红枣洗净去核切丝；赤小豆粉和半杯糖同炖；将上述材料分别拌上盐和蜂蜜，做成馅。

2. 大米粉分成3份，一份加食用色素和沸水，和成团；一份加上煮后剁细的艾蒿，和成团；一份加沸水和成团；将3种大米面团包入馅；将年糕放入蒸锅蒸熟，并刷上一层麻油。

辣椒肉饼

补中益气

原材料 青辣椒10个，红辣椒2个，灯笼椒2个，牛肉150克，豆腐1/3块，鸡蛋2个，面粉适量

调味料 酱油、盐、黑胡椒、芝麻盐、油各适量

做法

1. 青辣椒、红辣椒洗净纵向切半；灯笼椒洗净切圈；辣椒放盐水中浸泡片刻，擦干，在其内部撒上面粉；拌匀剁碎的牛肉和捣碎的豆腐，加调味料。

2. 在已经撒上面粉的青辣椒、红辣椒和灯笼椒圈中填上牛肉泥，将青辣椒、红辣椒填有牛肉泥的那一面蘸上适量面粉，涂上打匀的鸡蛋液，煎熟。

3. 将灯笼椒圈的两面都蘸上面粉，在鸡蛋液中滚一遍后，放在油锅中煎至金黄色。

营养功效： 辣椒味道辛辣，有很好的增进食欲的功能。

甜米露
养阴生津

原材料 麦芽粉115克，大米360克，松仁10克

调味料 糖160克

做法

1. 将麦芽粉用温水浸泡，过滤，挤出渣滓，留麦芽粉水；将大米淘洗干净，倒入锅中，加水，大火煮至沸腾，续煮4分钟左右，转中火煮3分钟左右，米粒浮上来时，转小火焖10分钟左右；在保温饭锅(60~65℃)里放入米饭与麦芽水、糖后保温放置3~4小时。

2. 待米粒浮上来，捞出米粒，将米粒放在冷水里冲洗消除甜味；将甜米露水大火煮5分钟左右，直至沸腾，将浮上来的泡沫舀出来，甜米露汤汁冷却后装碗，撒上米粒与松仁。

甜米露的处理技巧： 若甜米露的量很多的话，应多煮20分钟。

赤小豆糯米糕
补虚养血

原材料 糯米350克，大米、红枣丝、板栗、艾蒿碎、赤小豆沙、松仁碎各适量

调味料 糖、蜂蜜各适量

做法

1. 糯米和大米均浸泡，碾碎成米粉，过滤，分成两等份。

2. 艾蒿碎和一半米粉、热水和成面团；取部分红枣丝与剩下的米粉、热水和成面团，均入锅中蒸熟，切块；板栗、余下的红枣丝加糖和蜂蜜拌匀，与赤小豆沙制成豆沙酱；艾蒿、红枣米糕在豆沙酱中滚一遍，蘸上松仁碎即可。

双色芝麻饼
补肝益肾

原材料 白芝麻90克，黑芝麻适量

调味料 稀糖浆、糖各适量

做法

1. 将黑芝麻、白芝麻分开洗净并炒熟。

2. 将糖倒入稀糖浆中拌匀，并加热至完全融化，然后将之分别倒入白芝麻和黑芝麻中，然后用擀面杖将芝麻团擀成薄片。

3. 将黑芝麻片放在白芝麻的上面，并在其冷却之前卷成芝麻卷。

4. 用竹垫将芝麻卷卷结实，并将其切成薄片。

梅子茶

生津止渴

| 原材料 | 梅子500克，松仁7克 |
| 调味料 | 糖500克 |

做法

1. 梅子去蒂清洗干净后，用筛子沥去水分，晾2小时左右，在碗里依次放上梅子与糖，糖盖住梅子，以看不见梅子为标准。

2. 将梅子密封放置2个月以上直至梅子变皱。

3. 梅子与梅子汁用筛子过滤。

4. 将梅子汁装碗。

5. 茶杯里放入30毫升梅子汁，再用90毫升水稀释，撒上松仁。

 松仁
 糖

营养功效： 梅子营养丰富，可预防心血管疾病的产生，因此，梅子被誉为保健食品。

五味子喱

补中缓急

原材料 五味子33克，绿豆淀粉32克

调味料 糖53克，盐1克

做法

1. 五味子洗净捞出，浸泡在水里，用棉布过滤做成五味子汤汁，放入绿豆淀粉搅匀，再放入糖与盐，中火煮5分钟左右。

2. 将五味子汤汁煮至可以滴落的黏稠程度时，再焖2分钟左右，然后将其倒入碗里使其凝固。

3. 待其像凉粉一样凝结时，将其切成宽3厘米、长4厘米左右的块状。

绿豆

糖

烹饪技巧：将五味子喱切块装盘时，也可在盘子底部铺上切成大块的板栗或水果，再放上五味子喱上桌。

什锦果酿
降低血压

原材料 糯米粉、葡萄干、松仁、苹果、李子、桃子、生姜各适量

调味料 盐、糖各适量

做法

1. 在糯米粉中加入盐和热水，和成面团，捏成杏仁大小的块，并在每块中加入葡萄干和松仁，然后再捏成小汤圆；将小汤圆放入沸水中煮熟，再浸入凉水中冷却。

2. 在水中加入糖和生姜煮沸，然后出锅冷却；将生姜从甜姜水中取出，水果切小块，将汤圆和水果块一起放入碗中，并注入适量甜姜水。

酒酿西瓜
降压降脂

原材料 西瓜1个，汽水1瓶，冰块、松仁各适量

调味料 白兰地、糖各适量

做法

1. 将西瓜的上半部呈锯齿状切除，用勺子将西瓜瓤舀成一个个小圆球；将1杯水和1杯糖放在一起煮成糖水。

2. 将西瓜球浸泡在糖水中，将西瓜内剩下的瓜瓤挖出用布包住，挤出西瓜汁；将西瓜球、糖水、汽水、白兰地、西瓜汁倒入西瓜壳，放上冰块。

3. 将酒酿西瓜盛在碗中，并在其表面撒上松仁，即可食用。

蜜汁时蔬

降低血糖

原材料 人参150克，胡萝卜、白萝卜各适量

调味料 盐、糖、稀糖浆各适量

做法

1. 人参洗净。

2. 将胡萝卜和白萝卜分别用清水冲洗干净，切成0.6厘米厚、0.8厘米宽、6厘米长的小片，用盐水焯好后，浸入冷水中。

3. 将人参和萝卜块放入糖水中小火慢煮，然后将稀糖浆倒入慢慢加热，直至汤汁煮干，人参变黏。

胡萝卜　　　　白萝卜

营养功效： 人参含有人参皂苷，能降低血中胆固醇、甘油三酯，对高脂血症、血栓症和动脉硬化有辅助治疗作用。

油糖浆饼

补益五脏

原材料 面粉120克，松仁粉6克，草莓粉1克，艾蒿粉1克，栀子水2毫升

调味料 糖80克，盐3克，生姜汁45毫升，油适量

做法

1. 3个碗中分别放入面粉40克，再分别放入草莓粉、艾蒿粉、栀子水均匀搅拌上色后，均倒入盐、生姜汁和面，分别做成粉色面糊、艾蒿色面糊和黄色面糊。

2. 面糊醒20分钟，将面糊擀片，做成花样；糖做成糖浆后冷却；锅入油烧热，放入面糊片，炸熟。

3. 将炸好的油糖浆饼放在糖浆里挂汁后，捞出装碗，撒上松仁粉。

花式面片制作技巧：擀好的面片切成宽2厘米、长4厘米的片后，以"川"字模样划上刀痕，将一边塞进中间的刀痕中后，翻转过来。

五味子凉茶

滋肾补阴

原材料 五味子20克，梨、松仁各适量

调味料 糖36克，蜂蜜38毫升

做法

1. 五味子洗净，浸泡12小时左右。

2. 松仁去蒂，用干棉布擦净备用；五味子水泡好后，用棉布过滤，做成五味子汤汁。

3. 五味子汤汁里放入糖与蜂蜜。

4. 梨削皮，切成0.2厘米左右厚的片，做成梨花的形状。

5. 在凉茶碗里放入准备好的五味子汤汁，撒上花状梨片与松仁。

营养功效： 五味子是兼具精、气、神三大补益功效的少数药材之一，能益气强肝、增进细胞排出废物的效率、供应更多氧气、提供能量、提高记忆力及性持久力。

附录

芳香浓郁的
西式料理

　　在这里，我们为您推荐一些简单易做的家常西餐，让您在做料理的同时，既能放松心情，又能享受佳肴。

营养主食

Ying Yang Zhu Shi

西餐中的主食在主菜后呈现，较有代表性的是比萨和意大利面。比萨又称意大利式馅饼，是西方传统的美食。意大利面主要的原料是由一种名叫semolina的面粉和鸡蛋混合后做成的不同形状的面条，而配意大利面的酱汁分三大类：番茄类、奶油类和橄榄油类。

中华料理炒饭

健脾养胃

原材料 白饭3碗，鲜虾肉200克，蛋黄汁、葱花、蒜片各适量

调味料 烧盐（烘焙过的精盐）2克，蚝油、葡萄籽油各适量

做法

1. 油锅烧热入葱花和蒜片爆香，放入鲜虾肉和蛋黄汁，入蚝油、烧盐拌匀。

2. 白饭入锅，翻炒制作成鲜虾炒饭。

意大利番茄牛肉面

强健筋骨

原材料 意大利面（煮熟）250克，牛肉、圣女果、洋葱、青椒各适量

调味料 盐、胡椒粉、番茄酱、月桂叶、橄榄油各适量

做法

1. 锅入橄榄油，入洗净切好的食材和番茄酱、月桂叶翻炒。

2. 撒盐和胡椒粉，放入意大利面拌匀。

香蒜意大利面

益气补虚

原材料 意大利面250克，蒜100克，培根150克

调味料 盐、黑胡椒盐、橄榄油、白酒、罗勒粉、洋葱粉各适量

做法

1. 意大利面入锅，加盐和橄榄油后煮约18分钟，捞起沥干，用橄榄油拌匀。

2. 蒜去皮对切，入煎锅煎烤；在煎锅的另一边放上培根，煎烤后切片。

3. 将意大利面、蒜和培根放碗中，倒入橄榄油和白酒调味后搅拌均匀；再撒上罗勒粉、洋葱粉、盐和黑胡椒盐，拌匀后摆放至盘子中。

重点提示： 在煮意大利面时，撒少许盐，倒入少许橄榄油烹煮约18分钟，这是煮意大利面最佳的黄金时间；另外，意大利面煮熟后一定要将水分充分地沥干，否则就会影响到意大利面的滑度和爽口度。

鲜虾奶油意大利饺
养血固精

原材料 鲜虾100克，饺皮30张，韭菜段30克，鲜奶油、牛奶、蒜泥、红薯粉、辣椒圈各适量

调味料 盐、白胡椒粉各5克，生姜粉5克，麻油、白酒、橄榄油各适量

做法

1. 将鲜虾剁蓉，和生姜粉、盐、白胡椒粉、麻油和红薯粉拌匀做饺子馅。
2. 煎锅入橄榄油，入韭菜段煎熟；将鲜奶油、牛奶、白酒、蒜泥、辣椒圈、盐、橄榄油搅拌做成奶油酱汁。
3. 用饺皮包成意大利饺，煮熟装盘，放上韭菜段，淋上奶油酱汁。

泰式炒米线
清热解毒

原材料 白面米线250克，豆芽200克，香菜50克，金针菇100克，泰国红辣椒20克，蒜、圣女果、柠檬汁各适量

调味料 盐3克，橄榄油、鱼露、金枪鱼汁、蚝油、砂糖各适量

做法

1. 白面米线泡发；豆芽、香菜、金针菇洗净；蒜拍碎；圣女果对切。
2. 在锅内倒入橄榄油，然后将泰国红辣椒和蒜放入热锅中爆香。
3. 放入白面米线及余下原材料，加鱼露、金枪鱼汁、蚝油、砂糖、柠檬汁炒匀，装盘，饰以圣女果和香菜。

焗烤柳橙意大利面
防癌抗癌

原材料 柳橙1个，西蓝花100克，意大利面（笔尖面）50克，比萨乳酪丝50克，鲜奶油、奶油、面粉各20克，牛奶适量

调味料 橄榄油8毫升，香菜粉、盐、胡椒粉各适量

做法

1. 柳橙取果肉；西蓝花洗净撕小朵；意大利面、西蓝花煮熟，入盐和橄榄油拌匀；炒香奶油及面粉，入牛奶和鲜奶油，拌匀加热后制成白酱。

2. 白酱与处理好的原材料、调味料拌匀，撒比萨乳酪丝以180℃烤10分钟。

焗烤通心面
延缓衰老

原材料 西红柿2个，通心面50克，莫扎瑞拉乳酪50克，奶油10克，西蓝花、面粉、面包粉、牛奶、鲜奶油各适量

调味料 橄榄油、盐、香菜粉、胡椒粉各适量

做法

1. 西红柿、西蓝花洗净切好；莫扎瑞拉乳酪切块；热锅入橄榄油和少许盐后，加水，将通心面放入锅中烹煮。

2. 锅入奶油及面粉，炒香后，入牛奶和鲜奶油，拌匀并加热后制成白酱。

3. 将白酱倒入煮好的通心面中，在上方放入剩余原材料及调味料烤熟即可。

美味菜品

Mei Wei Cai Pin

西餐大致可分为法式、英式、意式、美式等几种。法式菜肴具有选料广泛、加工精细、烹调考究、滋味有浓有淡、花色品种繁多等特点；英式菜肴的特点则是油少、清淡，调味时用酒较少；意式菜肴讲究原汁原味，以味浓著称；美式菜肴则继承了英式菜肴简单、清淡的特点，口味咸中带甜。

烟熏鸭肉水果沙拉

益阴补血

原材料 烟熏鸭肉300克，奇异果（黄色、绿色）、香橙各1个，生菜30克

调味料 香料、芥末、奶油乳酪、烧盐、黑胡椒盐各适量

做法

1. 烟熏鸭肉切片；奇异果、香橙去皮切好装盘；生菜洗净后装盘。

2. 调味料混合成芥末酱，入盘中拌匀。

烤西蓝花柠檬鸡

补肾益精

原材料 西蓝花、鸡肉、柠檬片各适量

调味料 烧盐、胡椒粉、酱油、米酒各适量

做法

1. 西蓝花洗净焯熟，沥干；鸡肉切好装盘，撒上少许烧盐、胡椒粉调味。

2. 剩余调味料制成酱料，和柠檬片拌在鸡肉上烤熟，以西蓝花装饰。

泰式烤鸡翅

温中补脾

原材料 鸡翅12个，泰国辣椒、牛奶、洋葱、胡萝卜、蒜、葱花各适量

调味料 盐3克，白胡椒粉2克，迷迭香粉、咖喱粉各适量

做法

1. 鸡翅洗净沥干，放入大调理碗后撒上盐、白胡椒粉和迷迭香粉调味。

2. 将洋葱和胡萝卜洗净切碎，蒜切片，倒入咖喱粉和牛奶拌匀成咖喱酱汁。

3. 将鸡翅放入咖喱酱汁内，放入泰国辣椒，腌渍20分钟。

4. 放入烤箱中烤熟，摆放在盘子上，最后撒上少许葱花来装饰。

特别提示： 将鸡翅放入烤箱烤前，要让鸡翅与佐料酱充分拌匀，烤出来的鸡翅才能充满各种调味料的香味，所以在放入调味料后，先将鸡翅放在室温下腌渍一段时间再放进烤箱为好。

辣炒蔬菜金枪鱼块
调节血糖

原材料 金枪鱼250克，洋葱、上海青、青椒、红椒、豆芽、蒜泥各适量

调味料 烧盐3克，橄榄油3毫升，红辣椒粉5克，酱油适量

做法

1. 将金枪鱼洗净后切块，放上红辣椒粉、橄榄油、酱油、蒜泥后腌渍。

2. 洋葱洗净切丝；上海青洗净；红椒、青椒切片；豆芽洗净；装盘。

3. 热锅入橄榄油，入洋葱、豆芽、上海青、青椒、红椒煎炒，撒烧盐。

4. 将金枪鱼块放入步骤3的蔬菜中，煎炒后将所有食材放在盘子上。

香烤三文鱼
降低血脂

原材料 三文鱼300克，黄金奇异果、绿色奇异果各100克，洋葱末适量

调味料 罗勒粉5克，黑胡椒盐3克，巴萨米可香醋、烧盐、橄榄油各适量

做法

1. 将三文鱼撒上罗勒粉、烧盐和黑胡椒盐后摆放在室温下腌渍20分钟。

2. 黄金奇异果、绿色奇异果去皮，然后切成约0.5厘米见方的奇异果果粒。

3. 将奇异果果粒与洋葱末、巴萨米可香醋拌匀制成奇异果酱汁，冷藏。

4. 在三文鱼上涂上少许的橄榄油后，烤熟装盘，再淋上奇异果酱汁即可。

牛肉蔬菜卷

补中益气

原材料 牛肉300克，黄豆芽150克，小黄瓜100克，菠萝片50克，柠檬汁5毫升，花生奶油10克，蒜、青葱、红辣椒、青辣椒、薄片火腿、葱花各适量

调味料 酱油3毫升，盐2克，清酒适量

做法

1. 锅内放入青葱和蒜，加水煮沸后倒入清酒调味，入牛肉煮熟后捞起。

2. 黄豆芽焯熟；其余原材料洗净切好；将花生奶油和菠萝片拌匀后，倒入柠檬汁、盐、酱油搅匀制成菠萝花生酱汁。

3. 所有原材料一起制成牛肉蔬菜卷，撒上葱花，调好的菠萝花生酱汁一起放在盘子上。

重点提示： 也可将黄豆芽放入电锅内焖熟，这样黄豆芽的口感会更加清脆，这也是让黄豆芽的营养成分流失最少的料理方法。

南瓜炖海鲜
润肺益气

原材料 南瓜300克，蒜泥10克，比萨乳酪丝100克，生罗勒3克，鲜虾、红蛤、墨鱼、西蓝花、胡萝卜、洋葱、鲜奶油、牛奶各适量

调味料 盐、胡椒粉各3克，橄榄油适量

做法

1. 南瓜入微波炉加热3分钟；墨鱼洗净切片；鲜虾、红蛤及其余材料洗净。
2. 锅入橄榄油，入洋葱爆香，入墨鱼、鲜虾、红蛤、胡萝卜、西蓝花烹煮。
3. 剩余调味料做成白酱；所有食材填入南瓜，铺白酱、比萨乳酪丝，烘烤10分钟。

烤鲜虾串
通乳抗毒

原材料 大虾250克，红薯粉20克，罗勒碎适量

调味料 烧盐（烘焙过的精盐）3克，葡萄籽油、清酒、盐各适量

做法

1. 将大虾洗净，在盐水中浸泡一会儿，再将大虾捞起，并将水分充分沥干。
2. 将大虾放在盘子中，撒上清酒和烧盐调味后，用竹签将大虾串起来。
3. 将大虾沾上红薯粉，锅中入葡萄籽油，将大虾放入160℃的油锅油炸；在油炸好的串烤鲜虾上撒上罗勒碎。

豆腐橄榄串
清肺利咽

原材料 豆腐150克，橄榄200克

调味料 烧盐（烘焙过的精盐）3克，白胡椒粉5克，香蒜粉5克，葡萄籽油适量

做法

1. 将豆腐洗净切方块，撒上少许烧盐、白胡椒粉和香蒜粉。
2. 锅入葡萄籽油加热，然后将豆腐放入热锅内煎炒至表皮呈现金黄色。
3. 将橄榄洗净对半切开。
4. 用竹签将豆腐和橄榄间隔串起，制作成豆腐橄榄串。

意式米纸鸡肉卷
补肾益精

原材料 米纸10片，鸡胸肉200克

调味料 烧盐3克，黑胡椒盐2克，橄榄油10毫升，意大利综合香料适量

做法

1. 鸡胸肉洗净去皮，表面切几道切痕；将米纸泡软后沥干。
2. 鸡胸肉撒上烧盐、黑胡椒盐，腌渍30分钟后，锅入橄榄油，入鸡胸肉煎烤。
3. 将煎烤好的鸡胸肉切丝后撒上意大利综合香料，再用米纸将鸡胸肉丝包起来；将包好的米纸鸡肉卷好对切，摆放在盘子上。

乳酪烤三文鱼串
降低血脂

原材料 三文鱼2片，罗勒碎5克，莫扎瑞拉乳酪100克

调味料 烧盐（烘焙过的精盐）3克，胡椒粉5克，葡萄籽油10毫升

做法

1. 将三文鱼切成大小约1.5厘米的方块后，撒上烧盐、胡椒粉调味。

2. 在锅中倒入葡萄籽油，然后将调好味的三文鱼块放入热锅内煎烤。

3. 三文鱼煎烤完时撒上少许罗勒碎。

4. 将莫扎瑞拉乳酪切成与三文鱼块相同大小，再用竹签将三文鱼和莫扎瑞拉乳酪串起来即可。

金枪鱼球
强筋壮骨

原材料 金枪鱼罐头1罐，洋葱末、胡萝卜泥、芹菜泥、红薯粉、面粉各适量

调味料 烧盐、胡椒粉各3克，橄榄油适量

做法

1. 将金枪鱼放入滤网中，沥干油分。

2. 将洋葱末、胡萝卜泥和芹菜泥依次放入热锅中烹煮。

3. 将金枪鱼和蔬菜撒上烧盐、胡椒粉拌匀后，再倒入红薯粉、面粉和少许凉开水后再搅拌均匀。

4. 将金枪鱼等食材捏成球，在锅中倒入橄榄油以160℃炸约10分钟。

鸡蛋沙拉球

滋阴润燥

原材料 鸡蛋5个，胡萝卜泥100克，洋葱末10克，牛奶适量

调味料 意大利综合香料5克，烧盐（烘焙过的精盐）2克，胡椒粉3克

做法

1. 将鸡蛋入撒入烧盐的热水中，煮熟。

2. 将煮好的鸡蛋去壳对切后，将蛋黄和蛋白部分分离，然后将蛋黄部分直接挖空。

3. 蛋黄捣碎，和牛奶、烧盐、胡椒粉、胡萝卜泥、洋葱末拌成鸡蛋沙拉。

4. 在熟蛋白中放入鸡蛋沙拉，再撒上少许意大利综合香料装饰即可。

薄片火腿甜椒卷

增强免疫力

原材料 薄片火腿200克，黄甜椒30克，红甜椒30克，橙甜椒30克

调味料 葡萄籽油10毫升，烧盐（烘焙过的精盐）3克

做法

1. 将原本粘在一起的薄片火腿轻轻撕开备用。

2. 将红甜椒、橙甜椒、黄甜椒分别洗净切成相同大小的细丝状。

3. 锅入葡萄籽油后，将每种甜椒各自放在一个区域内烹煮，加入烧盐调味。

4. 在薄片火腿中包入各色彩的甜椒后，卷成薄片火腿甜椒卷。

炸鲜鱼串
降低血糖

原材料 鳕鱼200克，菠萝泥、柠檬汁、油炸粉、蛋黄酱、鸡蛋蛋清各适量

调味料 烧盐（烘焙过的盐）、白胡椒粉、清酒、葡萄籽油各适量

做法

1. 鳕鱼肉用水洗净后，切成片；鱼肉放入盘子中，撒上少许烧盐、白胡椒粉和清酒调味。

2. 鳕鱼肉片用竹签串起，沾上鸡蛋蛋清和油炸粉，再入油锅内油炸。

3. 将菠萝泥、柠檬汁、葡萄籽油、蛋黄酱混合成菠萝酱，和炸鳕鱼串一起放在盘子上。

香煎鲽鱼
活血通络

原材料 冷冻鲽鱼2条，奶油10克

调味料 香蒜粉5克，白酒、烧盐（烘焙过的精盐）各适量

做法

1. 将冷冻鲽鱼自然解冻后，用水洗净，在鲽鱼上浮切4斜刀。

2. 在切好的鲽鱼上均匀撒上香蒜粉。

3. 锅内放入奶油，加热至适当温度后将鲽鱼煎到双面表皮呈金黄色为止。

4. 将白酒倒在煎好的鲽鱼上，加热后再撒上烧盐，香煎鲽鱼就制作完成了。

意式香肠蔬菜卷
防癌抗癌

原材料 腌菜（西蓝花、荞麦、豆芽菜等）200克，意式香肠150克，黄甜椒20克，橙甜椒20克，洋葱末30克，紫洋葱末20克，蛋黄酱15克，奶油乳酪10克

调味料 芥末10克，盐、白胡椒粉各3克

做法

1. 将所有蔬菜类食材用水洗净后将水分沥干；将彩色甜椒洗净切条状。
2. 将意式香肠切成薄片。
3. 将洋葱末、紫洋葱末、奶油乳酪、蛋黄酱、芥末、盐、白胡椒粉放入调理碗中，搅拌均匀后制成洋葱奶油酱。
4. 意式香肠切片包入各式腌菜和彩色甜椒后，用竹签固定卷成意式香肠腌菜卷，与洋葱奶油酱摆盘。

重点提示： 料理中各类型的蔬菜和甜椒都是非常适合搭配白酒一起食用的食材。

肉桂香烤苹果
健胃消食

原材料 苹果2个，柠檬汁适量

调味料 肉桂粉3克，糖浆5毫升

做法

1. 将苹果洗净，沥干水分后横切成约0.5厘米厚的薄片。
2. 将切好的苹果片摆放在盘子内，然后在苹果片上均匀地倒上少许柠檬汁。
3. 将苹果片入烤箱烤约20分钟，取出放入无油的平底锅内干煎一会儿。
4. 当苹果薄片煎至呈金黄色后，再撒上肉桂粉，抹上糖浆即可。

炸莫扎瑞拉乳酪条
增强体质

原材料 莫扎瑞拉乳酪300克，红薯粉5克，面粉10克，鸡蛋清、炸粉各适量

调味料 黑胡椒粒5克，香菜粉、葡萄籽油各适量

做法

1. 将准备好的莫扎瑞拉乳酪细切成长约4厘米的条状。
2. 将黑胡椒粒放在小碗中，捣碎成较小的颗粒。
3. 将黑胡椒粒均匀撒在盘子中，然后将莫扎瑞拉乳酪条沾上黑胡椒粒。
4. 将莫扎瑞拉乳酪依序沾上红薯粉、面粉、鸡蛋清、炸粉、香菜粉，炸熟。

巴萨米可酱烤蔬菜
消肿解毒

原材料 茄子200克，节瓜150克，红甜椒20克，菊苣末30克

调味料 巴萨米可醋10毫升，橄榄油5毫升，盐3克

做法

1. 将茄子洗净后，切片，然后泡在盐水中一段时间，再用滤网沥干水分。
2. 将节瓜对切后再切片，撒上少许盐，接着再将红甜椒洗净切成4等份。
3. 茄子、节瓜和红甜椒放入盘中，再将巴萨米可醋均匀涂抹在蔬菜上。
4. 将蔬菜入油锅煎烤后，装盘，再将菊苣末均匀撒在盘子的四周。

烧烤肋排
益精补血

原材料 肋排（猪肉肋排）400克，青葱、蒜、洋葱末、西红柿丁、香菜末、帕马森乳酪粉各适量

调味料 蚝油酱、红酒、蜂蜜、烧盐、番茄酱、盐各适量

做法

1. 将肋排放入装有青葱、蒜、烧盐的水锅内烹煮；装盘，淋蚝油酱、红酒。
2. 将肋排涂上蜂蜜再撒上帕马森乳酪粉后，入烤箱以190℃烘烤约20分钟。
3. 将洋葱末、西红柿丁、番茄酱、香菜末、盐做成洋葱莎莎酱；将准备好的洋葱莎莎酱与烧烤肋排一起放在盘子上。

焗烤香菇飞鱼卵

降压降脂

原材料 香菇200克，飞鱼卵50克，切达乳酪片1张，莫扎瑞拉乳酪适量

调味料 清酒5毫升，橄榄油、盐、白胡椒粉各适量

做法

1. 将香菇洗净去蒂，仅留下香菇头。

2. 将处理好的香菇放入烤盘中，再均匀地淋上橄榄油、盐和白胡椒粉。

3. 将飞鱼卵放入清酒中浸泡，再用冷水冲洗后，将水分充分沥干。

4. 将两种乳酪切丁，在香菇内放入切达乳酪、莫扎瑞拉乳酪和飞鱼卵，入烤箱中以150℃烘烤约5分钟。

奶油蟹肉饼

舒筋益气

原材料 蟹肉（蟹肉棒）200克，奶油乳酪20克，核桃20克，酸豆30克，低盐饼干20克

调味料 鱼子酱20克

做法

1. 将蟹肉切半后撕成细条状。

2. 将核桃的外皮剥去后，用刀切成较小的形状。

3. 将蟹肉、核桃、酸豆和奶油乳酪放入调理碗中搅拌均匀。

4. 在低盐饼干上涂上步骤3所制作的酱料，最后再摆上少许鱼子酱。

炒蘑菇豆腐片
增强记忆力

原材料 豆腐150克，蟹味菇100克，香菇30克，红辣椒20克，青葱末10克，蒜15克

调味料 盐、胡椒粉、葡萄籽油各适量

做法

1. 豆腐洗净切厚片，撒上盐；锅内倒入葡萄籽油，将豆腐两面煎成金黄色。

2. 将蟹味菇洗净切条；香菇洗净，将菇身部分切除，留下菇伞部分并切条。

3. 用剪刀将红辣椒的头部剪除后，切成与蒜相同的大小，入油锅爆香。

4. 入蟹味菇、香菇同炒，撒盐和胡椒粉，放在煎好的豆腐上，撒上青葱。

盐烧牛肉吐司
补脾益胃

原材料 牛绞肉200克，鳄梨100克，圣女果10颗，全麦吐司10片，鲜奶油10克

调味料 盐、胡椒粉、油各适量

做法

1. 牛绞肉洗净入锅热炒，撒上盐和胡椒粉并拌匀，再入鲜奶油制成牛肉酱。

2. 将鳄梨去籽切半后，用刀切成约1厘米厚的片。

3. 将圣女果洗净后，从头部平均切成4等份；全麦吐司切成4等份，放入锅中煎烤。

4. 在煎好的全麦吐司上依次放上牛肉酱、鳄梨片、圣女果即可。

烟熏三文鱼片沙拉
增强免疫力

原材料 烟熏三文鱼薄片150克，菊苣30克，酸豆30克，洋葱末5克，蛋黄酱10克，奶油乳酪10克

调味料 烧盐、白胡椒粉各适量

做法

1. 用厨房纸巾将烟熏三文鱼薄片上的油脂吸除。

2. 将菊苣清洗后剥成适当的大小，再将水分充分沥干。

3. 将洋葱末加入冷开水搅拌后，再将奶油乳酪、蛋黄酱、烧盐和白胡椒粉一起拌匀制作成乳酪酱。

4. 将烟熏三文鱼薄片摆盘，淋上乳酪酱以后，再放上菊苣和酸豆。

重点提示： 烟熏三文鱼是经常被用来搭配酒类的食材之一，本料理运用洋葱末和奶油乳酪制作成乳酪酱，可以让烟熏三文鱼变得更加美味。

意大利香肠炒蘑菇
延缓衰老

原材料 意大利手工香肠250克，蘑菇150克，豆芽30克，鸡蛋3个

调味料 烧盐（烘焙过的精盐）、白胡椒粉各3克，蚝油、葡萄籽油、盐各适量

做法

1. 将意大利手工香肠切成圆形的小薄片；鸡蛋只取蛋黄，加烧盐、白胡椒粉拌匀。

2. 将蘑菇洗净后，细切成与意大利手工香肠相同大小的薄片。

3. 蛋黄煎成直径约6厘米的圆形蛋皮；另起油锅，入意大利香肠、蘑菇、蚝油、盐煎炒，与豆芽同入蛋皮，对折。

芦笋培根卷
促进消化

原材料 芦笋200克，培根100克，红薯粉15克

调味料 橄榄油5毫升，蚝油酱、烧盐（烘焙过的精盐）、黑胡椒盐各适量

做法

1. 将芦笋用水洗净后，放在厨房纸巾上将水分吸除。

2. 将培根切成薄片，然后放在厨房纸巾上吸除油脂。

3. 将芦笋沾上红薯粉后，用步骤2的培根将芦笋卷起来。

4. 锅入橄榄油加热，入芦笋、培根煎烤，撒上蚝油酱和烧盐、黑胡椒盐。

酥脆蒜香牡蛎
滋阴潜阳

原材料 生牡蛎200克，红薯粉15克，面包粉、面粉、蒜碎各10克，鸡蛋2个

调味料 香菜粉5克，烧盐（烘焙过的精盐）3克，清酒、胡椒粉、葡萄籽油各适量

做法

1. 生牡蛎用水洗净，放入盘中，然后倒入烧盐、清酒和胡椒粉混合。
2. 将处理好的生牡蛎沾满由红薯粉、面粉和蛋黄所搅拌出的面衣。
3. 将蒜碎、面包粉、香菜粉混合成油炸粉；将牡蛎沾满油炸粉，入油锅炸熟即可。

焗烤蔬菜孔雀蛤
降脂减肥

原材料 孔雀蛤400克，黄甜椒、绿甜椒、红甜椒各50克，切达乳酪片1张

调味料 香菜粉8克，酸甜酱汁20毫升

做法

1. 将孔雀蛤用盐水在室温中浸泡一会儿，略为冲洗再将水分充分沥干。
2. 将彩色甜椒洗净切碎；将切达乳酪片切碎。
3. 将孔雀蛤放入烤盘后淋上酸甜酱汁，再加入彩色甜椒和切达乳酪片、香菜粉搅拌均匀。
4. 将调好的孔雀蛤放入烤箱中，以150℃烘烤约8分钟。

香烤奶油玉米
降低血压

| 原材料 | 玉米粒200克，洋菇30克，青甜椒20克，红甜椒20克，盐味奶油15克，奶油10克 |

| 调味料 | 盐、白胡椒粉各少许 |

做法

1. 将玉米粒放入滤网中，用热水烫过后将水分沥干。
2. 将洋菇洗净，用刀从伞帽部分细切成薄片。
3. 将青甜椒和红甜椒都洗净，切成约1厘米长的条。
4. 将所有原材料和调味料一起拌匀后，入烤箱烤约3分钟即可。

烤香肠
增进食欲

| 原材料 | 手工香肠400克，奶油乳酪10克，洋葱末5克，杏仁泥5克，蛋黄酱、香菜各适量 |

| 调味料 | 芥末酱5克，盐2克，黑胡椒、香蒜粉、红酒、橄榄油、盐各适量 |

做法

1. 手工香肠洗净，切刀，装盘，倒入红酒和黑胡椒、香蒜粉、橄榄油混合，入烤箱烤约15分钟。
2. 将洋葱末、杏仁泥、奶油乳酪、蛋黄酱、芥末酱、盐拌匀，制成乳酪酱。
3. 将烤好的手工香肠切片装盘，再撒上乳酪酱和香菜即可。

香烤土豆
健脾和胃

原材料 土豆适量

调味料 意大利综合香料5克，盐、黑胡椒、葡萄籽油各适量

做法

1. 将土豆洗净后，切成8等份。
2. 在锅里放入2杯水，煮沸后将土豆放入煮熟。
3. 将煮熟的土豆装盘，撒上调味料后，摆放约20分钟让土豆入味。
4. 将入味后的土豆放入烤箱内以160℃烤约20分钟。

圣女果墨西哥脆片
清热解毒

原材料 墨西哥脆片100克，圣女果10个

调味料 番茄酱15克，蚝油、砂糖、盐、胡椒粉各适量

做法

1. 圣女果上方用刀子切成"十"字状。
2. 将圣女果用热水氽烫后，再放入冷开水中去除外皮。
3. 将泡在冷开水中的去皮圣女果切成4等份。
4. 将墨西哥脆片加热后装盘，其余调味料一起混合制成圣女果莎莎酱，放在圣女果旁边。

意式烤西红柿洋葱

祛斑美白

原材料 西红柿、洋葱、紫洋葱各适量

调味料 罗勒粉5克，有机橄榄油10毫升，盐3克，油适量

做法

1. 将西红柿洗净后，水平切成约1厘米厚的片。

2. 将洋葱和紫洋葱切成与西红柿一样的大小与厚度。

3. 将切好的食材装盘，撒上罗勒粉，倒入有机橄榄油，腌渍约10分钟。

4. 起油锅，入西红柿、洋葱和紫洋葱煎烤，煎烤时再撒上少许盐即可。

西红柿

洋葱

特别提示： 将罗勒粉撒在西红柿和洋葱上，不仅能增加食物的香味，还可抑制洋葱浓厚的刺鼻味。

美味小食

Mei Wei Xiao Shi

　　西餐里有很多美味的小食、点心，比如比萨、蛋挞、乳酪等，它们极致美味，诱惑你的味蕾，品尝后让你停不住口，带给你超享受的味觉体验。下面给大家带来西餐里美味小食的做法，赶紧来试一试，在家里也可以制作、品尝到这些美味。

墨西哥奶酪薄饼

补血养血

原材料 墨西哥薄饼8片，香肠、西蓝花、圣女果、切达乳酪片、比萨乳酪丝、牛奶各适量

调味料 盐、番茄酱各适量

做法

1. 西蓝花、圣女果、香肠放入薄饼中。
2. 剩余原材料和调味料制成番茄莎莎酱，涂于薄饼，入烤箱烘烤15分钟。

土豆与红薯薄片

益气生津

原材料 土豆2个，红薯2个

调味料 盐、黄砂糖、葡萄籽油各适量

做法

1. 土豆与红薯洗净，去皮切片，用盐水浸泡。
2. 土豆与红薯入油锅炸熟，捞出控油。
3. 在油炸完毕后的土豆与红薯上撒上盐和黄砂糖，再放入盘子中。

香蕉柠檬蛋挞

润肠通便

原材料 蛋挞皮12个，鲜奶油20克，香蕉4根，柠檬1个，蛋黄3个

调味料 盐适量

做法

1. 将香蕉剥皮后切成薄片，然后将柠檬横切成4等份的圆形薄片。
2. 将蛋黄和鲜奶油、盐倒入盆中，然后用搅拌器搅拌均匀。
3. 将香蕉和柠檬摆入蛋挞皮中，倒入蛋黄和鲜奶油，入烤箱烤约20分钟。

香蕉　　　柠檬

重点提示： 略带温和甜味的香蕉搭配具有酸味的柠檬所做出的香蕉柠檬蛋挞，是非常适合搭配酒类食用的甜点之一。

香菇乳酪欧姆蛋
益气滋阴

原材料 香菇、杏鲍菇、洋葱、节瓜各80克，鸡蛋4个，切达乳酪1片

调味料 葡萄籽油10毫升、烧盐、胡椒粉各适量

做法

1. 香菇、杏鲍菇、洋葱、节瓜均洗净，切成相同的碎末。
2. 将冷冻好的切达乳酪切片，将鸡蛋的蛋清部分清除，仅留下蛋黄部分。
3. 热锅入葡萄籽油，放入切好的食材和切达乳酪炒软，调入烧盐、胡椒粉。
4. 蛋黄入锅煎成蛋黄皮，移入炒好的食材卷成欧姆蛋的形状，加热装盘。

苹果鸡蛋薄烤饼
滋阴润燥

原材料 鸡蛋2个，苹果1个，牛奶适量

调味料 葡萄醋5毫升，红酒、烧盐、橄榄油各适量

做法

1. 鸡蛋打散，分离鸡蛋的蛋清部分，把蛋黄部分另放入碗中，倒入牛奶和烧盐拌匀。
2. 先在锅中倒入橄榄油，加热后将蛋黄倒入锅中，煎成蛋皮。
3. 将苹果洗净，切成薄片后去除籽。
4. 热锅入红酒和葡萄醋，再将苹果片入锅煮一会儿；鸡蛋薄烤饼折成甜筒状装盘，上方再摆上苹果片。

瑞士乳酪锅

润肠通便

原材料 埃曼塔尔乳酪200克，葛瑞尔乳酪100克，法国面包50克，蘑菇、玉米粉、柠檬汁、蒜汁各适量

调味料 白酒适量

做法

1. 将法国面包切片；蘑菇洗净对切。

2. 将蒜汁倒入锅里，均匀加热搅拌。

3. 锅加热，放入埃曼塔尔乳酪、葛瑞尔乳酪，融化后再依序倒入玉米粉、蘑菇和白酒烹煮。

4. 倒入少许柠檬汁后，再将准备好的法国面包放入乳酪锅内混合。

重点提示： 瑞士乳酪锅是从法语"Fondue"而来，意思就是将乳酪放在酒精炉上融化，再把面包切成块，蘸融化了的乳酪来吃，各家餐厅对本道料理所使用2种乳酪的米用比例不同，大家可以依照自己的喜好制作出别具特色风味的乳酪锅。

土豆汤法国面包

润肠通便

原材料 牛肉 300克，土豆浓汤包1袋，法国面包1根，牛奶125毫升，蒜泥、洋葱末、青椒泥、奶油各适量

调味料 烧盐、蚝油、清酒、糖浆、香蒜粉、意大利综合香料、葡萄籽油各适量

做法

1. 土豆浓汤包加牛奶拌匀，加热煮成土豆浓汤；将备好的牛肉洗净，切成丝，加入蚝油、清酒、青椒泥、蒜泥、糖浆、烧盐拌匀成蒜泥牛肉丝。

2. 法国面包切片，涂上奶油、香蒜粉和意大利综合香料等，入锅内煎烤。

3. 油加热，洋葱末、蒜泥牛肉丝入锅加调味料炒熟，放在法国面包上，土豆浓汤放在旁边。

重点提示: 仅倒入生水来煮土豆浓汤，虽然也可以煮出不错的浓汤，但如果在煮土豆浓汤时添加一些牛奶和矿泉水，能够让汤的味道更加香浓。